典型数字通信的
最佳干扰原理与应用

李红领　杨新旺　陈颖颖　著

哈尔滨工业大学出版社

内 容 简 介

本书主要针对典型数字通信最佳干扰进行理论推导和仿真分析,全书共 4 章,章节布局为先公式推导,再进行仿真建模验证,内容上主要包括调制、编码、扩频的干扰推导及典型数字通信系统的仿真分析。第 1 章介绍了针对 BPSK 调制信号的最佳干扰。第 2 章是针对典型编码技术的最佳干扰效果分析,主要以 RS 编码为例进行论述。第 3 章主要针对直接序列扩频尤其是软扩频的干扰进行了详细的理论公式推导和仿真。第 4 章建立了典型数字通信系统模型,并对这个模型进行了仿真。通过理论推导和仿真分析,力图证明所得出的最佳干扰理论。

本书可供从事数字通信干扰的相关工作人员参考使用,也可以作为相关专业研究生的参考教材。

图书在版编目(CIP)数据

典型数字通信的最佳干扰原理与应用/李红领,杨新旺,陈颖颖著. —哈尔滨:哈尔滨工业大学出版社,2024.7. —ISBN 978−7−5767−1604−7

Ⅰ.TN914.3

中国国家版本馆 CIP 数据核字第 2024RP7577 号

策划编辑	薛 力	
责任编辑	薛 力	
封面设计	刘 乐	

出版发行　哈尔滨工业大学出版社

社　　址　哈尔滨市南岗区复华四道街 10 号　邮编 150006

传　　真　0451−86414749

网　　址　http://hitpress.hit.edu.cn

印　　刷　哈尔滨市工大节能印刷厂

开　　本　787mm×960mm　1/16　印张 5.5　字数 92 千字

版　　次　2024 年 7 月第 1 版　2024 年 7 月第 1 次印刷

书　　号　ISBN 978−7−5767−1604−7

定　　价　58.00 元

前　　言

　　自从 1904 年日俄战争开始,通信电子战已经发展了一百多年,在这百年间的发展历程中,尤其是近几十年的各种战争,通信电子战已经成为制约战争成败的关键因素,也由此成为诸多军事工程师们深入研究的对象,各种研究成果层出不穷。电子战概念也在不断发展变化之中,但是无论概念如何变化,对于其组成内核的侦察、测向、干扰等基本原理并不像概念发展变化得那么快。很有幸,作者也成为诸多研究者中的一员,在从事通信电子战装备实验和理论研究的十几年间,一段时间里,会沉浸在理论研究和实验过程中,也想将一些研究心得予以分享,所以才有了这本书的出现。

　　在最佳干扰实验过程中,一些现象并没有引起我们太多注意,其原因一方面是实验人员没有关注到,另一方面是干扰效果的差别确实也很小。比如针对二进制移相键控(binary phase shift keying,BPSK)调制信号的干扰,干扰信号频率瞄准通信信号中心频率进行干扰,干扰效果最佳好像是天经地义的,但在实验过程中,某些频点及传输速率上,干扰效果并不是恰好对准通信中心频率最好,而是略微偏一些。在本书中,经过公式推导和仿真,达到最佳干扰效果时,干扰信号与通信信号中心频率有一定的频偏,频偏的数值与相位差、信号传输速率等参数有关。从战术运用的角度看,敌我双方的战术更为关心的是"何时、何地,针对何人的干扰",而不会过多考虑是否已经达成了最佳干扰,同时对于一台干扰功率几百上千瓦的干扰装备而言,这种所谓的"最佳干扰"也没有带来实质性的变化。但基于理论研究,哪怕是能带来一个分贝的影响也是值得的,所以技术人员必须关注到这些微小的变化。

　　再比如针对循环移位编码(cyclic code shift keying,CCSK)的干扰,单纯从定义上,其工作原理和实现方式都像是一种编码方式而非扩频方式,实际上在 20 世纪 80 年代,针对扩频和编码的争论已经有过,通过本书中对最佳干扰的公式推导和仿真,其效果是介于扩频和编码之间,或许也是把这种扩频方式称之为软扩频(tamed spread spectrum)的原因吧。

本书共分 4 章,篇章布局为先进行公式推导、然后进行仿真建模,最后进行实验验证。本书内容上主要包括针对调制、编码、扩频的干扰推导,以及针对典型数字通信系统干扰的建模仿真与实验。第 1 章介绍了针对 BPSK 调制信号的最佳干扰。BPSK 调制信号是数字通信里较为简单的调制样式,应用广泛,针对其干扰分析能够代表典型数字通信样式的干扰效果,后面针对编码、扩频和公式推导都是基于该调制样式进行。第 2 章是针对编码的最佳干扰效果分析,主要以 RS 编码为例。对于信道编码,其产生之初更多是为了如何提高噪声环境下的传输性能,而不是为了提高通信的抗干扰性,RS 编码的干扰效果体现了这种典型特征现象。第 3 章针对直接序列扩频尤其是软扩频的干扰进行了详细的理论公式推导和仿真。这些理论推导和仿真有助于研究从业者深入理解通信干扰过程中的基本理论,了解典型数字通信系统在人为干扰条件下的性能。第 4 章主要建立了典型数字通信系统模型,并对这些模型进行仿真。

本书内容主要是针对典型的数字通信干扰过程进行理论推导和仿真分析,对于数字通信的相关理论在很多书中都有详细的分析过程,本书里都不再进行讨论。一来保证本书的紧凑性,二来也希望能为从事相关专业教学和科研工作者提供有益的参考,希望大家看过之后能够提出批评意见。

十几年来,很多和作者一起工作的同事已不再从事本行业,其中黄云飞利用编程工具对书中很多公式进行了分析和仿真,谷晓鹏、谢飞、杜广超对不同的通信系统进行建模并仿真,尽管他们有些人不在这个岗位上工作了,但曾经一起做实验的经历将是我们最快乐的时光,向他们表示感谢。需要感谢的还有中国电子科技集团第五十四研究所的张海瑛研究员、郎俊杰研究员、蔡忠伟研究员,他们在作者学习和工作上都给予了很多指导。

路漫漫其修远兮,吾将上下而求索。在学习工作的道路上,还有很多需要我们去了解和掌握,努力向前!

作　者

2024 年 5 月

目　　录

第1章 BPSK 调制信号的最佳干扰

在讨论码型的误码性能时,本书只考虑把与码字单个比特对应的每个样值量化成 0、1 两个电平的极端情况,即不管发送的码字比特是 0 还是 1,都实行硬判决。一般的文献中假定信息传输的信道为离散时间信道(由调制器、AWGN 信道及解调器组成)构成一个交叉概率为 p 的二进制对称信道。本书研究的主要是针对不同干扰下的误码性能,因此必须推导出不同的干扰样式下信息的误码率表达式。本章以单音干扰为例,推导 BPSK 和 MPSK 调制的误码率公式。

1.1 BPSK 调制技术

先推导 BPSK 信号在单音干扰下的误码性能。

BPSK 信号可简单表示为

$$S_{\mathrm{BPSK}}(t) = \begin{cases} A_{\mathrm{s}}\cos\,\omega_{\mathrm{c}}t & \text{发送"1"时} \\ -A_{\mathrm{s}}\cos\,\omega_{\mathrm{c}}t & \text{发送"0"时} \end{cases} \tag{1.1}$$

到达解调器输入端的合成信号为

发送"1"时:$x_1(t) = A_{\mathrm{s}}\cos\,\omega_{\mathrm{c}}t + A_{j1}\cos(\omega_j t + \varphi_{j1}) + n_1(t)$ (1.2)

发送"0"时:$x_0(t) = -A_{\mathrm{s}}\cos\,\omega_{\mathrm{c}}t + A_{j0}\cos(\omega_j t + \varphi_{j0}) + n_0(t)$ (1.3)

上式中第 2 项为干扰信号,与通信信号存在相位差 φ_{j1} 或 φ_{j0};式中 $n_1(t)$、$n_0(t)$ 为高斯窄带噪声,设其均值为 0,方差为 N_1 和 N_0,一般认为是热噪声。

1.2 干扰条件下的 BPSK 和 MPSK 误码率分析

当干扰信号频率与通信信号载频一致时的误码率为

$$P' = \frac{1}{2} \left\{ Q\left[\sqrt{r_s}\left(1 + \sqrt{r_j}\cos\varphi_j\right)\right] + Q\left[\sqrt{r_s}\left(1 - \sqrt{r_j}\cos\varphi_j\right)\right] \right\} \quad (1.4)$$

下面主要推导当 2 个频率不一致时的误码率公式。

对于 BPSK 信号采用相干解调,如图 1.1 所示。

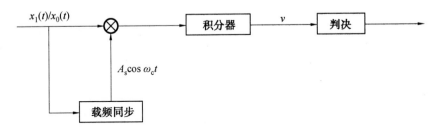

图 1.1　BPSK 的相干解调示意图

发送"1"和"0"时的抽样判决输出为 v_1 和 v_0,则有

$$v_1 = \frac{A_s^2}{2}T + \frac{A_{j1}A_s}{2\Delta\omega}\left[\sin(\Delta\omega T + \varphi_{j1}) - \sin\varphi_{j1}\right] + \int_{nT}^{(n+1)T} n_{c1}(t)\,\mathrm{d}t \quad (1.5)$$

$$v_0 = \frac{A_s^2}{2}T + \frac{A_{j0}A_s}{2\Delta\omega}\left[\sin(\Delta\omega T + \varphi_{j0}) - \sin\varphi_{j0}\right] + \int_{nT}^{(n+1)T} n_{c0}(t)\,\mathrm{d}t \quad (1.6)$$

在给定干扰信号初始相位的情况下,如果 $n_{c1}(t)$、$n_{c0}(t)$ 为均值为零、方差为 N_1 和 N_0 的高斯正态过程,则随机变量 v_1 和 v_0 也服从高斯正态分布,其均值分别为

$$\mu_1 = \frac{A_s^2}{2}T + \frac{A_{j1}A_s}{2\Delta\omega}\left[\sin(\Delta\omega T + \varphi_{j1}) - \sin\varphi_{j1}\right] \quad (1.7)$$

$$\mu_0 = \frac{A_s^2}{2}T + \frac{A_{j0}A_s}{2\Delta\omega}\left[\sin(\Delta\omega T + \varphi_{j0}) - \sin\varphi_{j0}\right] \quad (1.8)$$

同时可知

$$\sigma_1 = \frac{A_s^2}{4}n_1 T, \quad \sigma_0 = \frac{A_s^2}{4}n_0 T$$

式中,n_1、n_0 为 $n_{c1}(t)$、$n_{c0}(t)$ 的单边功率谱密度。则 v_1、v_0 的概率密度函数为

$$p_{v1}(x) = \frac{1}{\sqrt{2\pi}\,\sigma_1}\exp\left\{-\frac{(x-\mu_1)^2}{2\sigma_1^2}\right\} \quad (1.9)$$

$$p_{v0}(x) = \frac{1}{\sqrt{2\pi}\,\sigma_0} \exp\left\{-\frac{(x-\mu_0)^2}{2\sigma_0^2}\right\} \tag{1.10}$$

发送"1"时错误接收概率为

$$P_1 = P(v_1 < 0) = \int_{-\infty}^{0} p_{v1}(x)\,\mathrm{d}x = 1 - \int_{0}^{\infty} p_{v1}(x)\,\mathrm{d}x$$

$$= 1 - \frac{1}{\sqrt{2\pi}}\int_{-\frac{\mu_1}{\sigma_1}}^{\infty}\exp\left(-\frac{x^2}{2}\right)\mathrm{d}x = 1 - Q\left(-\frac{\mu_1}{\sigma_1}\right) = Q\left(\frac{\mu_1}{\sigma_1}\right) \tag{1.11}$$

定义：

$$Q(x) = \frac{1}{\sqrt{2\pi}}\int_{x}^{\infty}\exp\left(\frac{u^2}{2}\right)\mathrm{d}u = \frac{1}{2}\mathrm{erfc}\left[\frac{x}{\sqrt{2}}\right] \tag{1.12}$$

同理可推得发送"0"时错误接收概率为

$$P_0 = Q\left(-\frac{\mu_0}{\sigma_0}\right) = 1 - Q\frac{\mu_0}{\sigma_0} \tag{1.13}$$

"0""1"等概率发送时,总误码率为

$$P = \frac{1}{2}(P_1 + P_0) = \frac{1}{2}\left(1 + Q\frac{\mu_1}{\sigma_1} - Q\frac{\mu_0}{\sigma_0}\right)$$

$$= \frac{1}{2}\left\{1 + Q\left\{\sqrt{\frac{A_s^2 T}{n_1}} + \sqrt{\frac{A_{j1}^2}{n_1 T}}\,\frac{[\sin(\Delta\omega T + \varphi_{j1}) - \sin\varphi_{j1}]}{\Delta\omega}\right\}\right.$$

$$\left. - Q\left\{-\sqrt{\frac{A_s^2 T}{n_1}} + \sqrt{\frac{A_{j0}^2}{n_0 T}}\,\frac{[\sin(\Delta\omega T + \varphi_{j0}) - \sin\varphi_{j0}]}{\Delta\omega}\right\}\right\} \tag{1.14}$$

将 $n_1 = \dfrac{N_1}{B/2}$, $n_0 = \dfrac{N_2}{B/2}$ 代入式(1.6)可得

$$P = \frac{1}{2}\left\{1 + Q\left\{\sqrt{\frac{A_s^2 TB}{2N_1}} + \sqrt{\frac{A_{j1}^2 B}{2N_1 T}}\,\frac{[\sin(\Delta w + \varphi_{j1}) - \sin\varphi_{j1}]}{\Delta w}\right\}\right.$$

$$\left. - Q\left\{-\sqrt{\frac{A_s^2 TB}{2N_1}} + \sqrt{\frac{A_{j0}^2 B}{2N_0 T}}\,\frac{[\sin(\Delta w + \varphi_{j0}) - \sin\varphi_{j0}]}{\Delta w}\right\}\right\} \tag{1.15}$$

其中 B 为积分器带宽,一般有 $TB \approx 1$, T 为码元周期,这样上式简化为

$$P = \frac{1}{2}\left\{1 + Q\left\{\sqrt{\frac{A_s^2}{2N_1}} + \sqrt{\frac{A_{j1}^2}{2N_1}}\,\frac{[\sin(\Delta w + \varphi_{j1}) - \sin\varphi_{j1}]}{\Delta w T}\right\}\right.$$

$$-Q\left\{-\sqrt{\frac{A_s^2}{2N_1}}+\sqrt{\frac{A_{j0}^2}{2N_0}\frac{[\sin(\Delta w+\varphi_{j0})-\sin\varphi_{j0}]}{\Delta wT}}\right\}\right] \tag{1.16}$$

为了分析方便,这里设 $\varphi_{j1}=\varphi_{j0}=\varphi_j$,$r_s=\dfrac{A_s^2}{2N_t}$ 为信噪比,$r_j=\dfrac{A_j^2}{A_s^2}$ 为干信比,只考虑连续单音干扰,则

$$P_e=\frac{1}{2}\left\{Q\left[\sqrt{r_s}\left(1+\sqrt{r_j}\frac{\sin(\Delta wT+\varphi_j)-\sin\varphi_j}{\Delta wT}\right)\right]\right.$$
$$+Q\left[\sqrt{r_s}\left(1-\sqrt{r_j}\frac{\sin(\Delta wT+\varphi_j)-\sin\varphi_j}{\Delta wT}\right)\right]\right\} \tag{1.17}$$

式(1.9)表示的为一般条件下 BPSK 在单音干扰下的误码性能。由式(1.9)可知,其误码率不仅由信噪比、干信比所决定,还与干扰信号与通信信号的载频差、相位差以及调制前的码元速率有关。

下面推导 MPSK 信号在单音干扰下的误码性能。

设已接收信号为

$$S(t)=A_s\cos\left[2\pi f_c t+\frac{2\pi}{M}(m-1)\right]+A_j\cos[\omega_j t+\varphi_j]+n(t)$$

以正交的两信号 $A_s\cos(\omega_c t)$、$A_s\sin(\omega_c t)$ 与上式相乘有

$$A_s^2\cos\left[\omega_c t+\frac{2\pi}{M}(m-1)\right]\cos(\omega_c t)+A_j A_s\cos(\omega_j t+\varphi_j)\cos(\omega_c t)+n(t)\cos(\omega_c t)$$

$$A_s^2\cos\left[\omega_c t+\frac{2\pi}{M}(m-1)\right]\sin(\omega_c t)+A_j A_s\cos(\omega_j t+\varphi_j)\sin(\omega_c t)+n(t)\sin(\omega_c t)$$

低通滤波器有

$$r_1=\frac{A_s^2}{2}\cos\left[\frac{2\pi}{M}(m-1)\right]+\frac{A_j A_s}{2}\cos(\Delta\omega t+\varphi_j)+n\cos(\omega_c t)$$

$$r_2=\frac{A_s^2}{2}\sin\left[\frac{2\pi}{M}(m-1)\right]-\frac{A_j A_s}{2}\sin(\Delta\omega t+\varphi_j)+n\sin(\omega_c t)$$

判决有

$$r_1=\frac{A_s^2}{2}\cos\left[\frac{2\pi}{M}(m-1)\right]T+\frac{A_j A_s}{2\Delta\omega}[\sin(\Delta\omega t+\varphi_j)-\sin\varphi_j]+\int_T n\cos(\omega_c t)\,\mathrm{d}t$$

$$r_2 = \frac{A_s^2}{2}\sin\left[\frac{2\pi}{M}(m-1)\right]T + \frac{A_j A_s}{2\Delta\omega}\left[\cos(\Delta\omega t + \varphi_j) - \cos\varphi_j\right] + \int_T n\sin(\omega_c t)\mathrm{d}t$$

当 $\theta_r = 0$，考虑 $S_1(t)$ 时

$$r_1 = \frac{A_s^2}{2}T + \frac{A_j A_s}{2\Delta\omega}\left[\sin(\Delta\omega t + \varphi_j) - \sin\varphi_j\right] + \int_T n\cos(\omega_c t)\mathrm{d}t$$

$$r_2 = \frac{A_j A_s}{2\Delta\omega}\left[\cos(\Delta\omega t + \varphi_j) - \cos\varphi_j\right] + \int_T n\sin(\omega_c t)\mathrm{d}t$$

可知

$$\mu_1 = \frac{A_s^2}{2} + \frac{A_j A_s}{2\Delta\omega}\left[\sin(\Delta\omega t + \varphi_j) - \sin\varphi_j\right]$$

$$\mu_2 = \frac{A_j A_s}{2\Delta\omega}\left[\cos(\Delta\omega t + \varphi_j) - \cos\varphi_j\right]$$

$$\sigma_1^2 = \frac{A_s^2}{4}n_1 T$$

$$\sigma_2^2 = \frac{A_s^2}{4}n_0 T$$

所以

$$P_r(r_1, r_2) = \frac{1}{2\pi\sigma^2}\exp\left(-\frac{(r_1 - \mu_1)^2 + (r_2 - \mu_2)^2}{2\sigma^2}\right)$$

$$= \frac{1}{2\pi\sigma^2}\exp\left(-\frac{r_1^2 - 2\mu_1 r_1 + \mu_1^2 + r_2^2 - 2\mu_2 r_2 + \mu_2^2}{2\sigma^2}\right)$$

由 $v = \sqrt{r_1^2 + r_2^2}$，$\theta_r = \arctan\dfrac{r_2}{r_1}$ 可得

$$p_{v,\theta_r} = \frac{v}{2\pi\sigma^2}\exp\left(-\frac{v^2 - 2\mu_1 v\cos\theta_r - 2\mu_2 v\sin\theta_r + \mu_1^2 + \mu_2^2}{2\sigma^2}\right)$$

即

$$p_\theta(\theta_r) = \int_0^\infty p,\theta_r(v,\theta_r)\mathrm{d}v = p_{v,\theta_r}$$

$$= \frac{1}{2\pi\sigma^2}\int_0^\infty v\exp\left(-\frac{v^2 - 2\mu_1 v\cos\theta_r - 2\mu_2 v\sin\theta_r + \mu_1^2 + \mu_2^2}{2\sigma^2}\right)\mathrm{d}v$$

$$= \frac{v}{2\pi} \int_0^\infty \frac{v}{\sigma} \exp\left\{ -\frac{1}{2}\left[\frac{v^2}{\sigma^2} + \frac{2\mu_1}{\sigma}\cos\theta_r + \frac{2\mu_2}{\sigma}\sin\theta_r \frac{v}{\sigma} \right] - \frac{\mu_1^2 + \mu_2^2}{2\sigma^2} \right\} \mathrm{d}\frac{v}{\sigma}$$

令 $\frac{v}{\sigma} = u$，代入上式得

$$p_\theta(\theta_r) = \frac{v}{2\pi} \int_0^\infty u\exp\left\{ -\frac{1}{2}\left[u^2 + \frac{2\mu_1}{\sigma}\cos\theta_r + \frac{2\mu_2}{\sigma}\sin\theta_r u_r \right] - \frac{\mu_1^2 + \mu_2^2}{2\sigma^2} \right\} \mathrm{d}u$$

得

$$p_{\theta_r}(\theta_r) = \frac{1}{2\pi}\exp\left[-\frac{A^2 + B^2}{2} \right] \int_0^\infty x\exp\left\{ -\frac{1}{2}\left[x^2 + 2A\cos\theta_r + 2B\sin(\theta_r)x \right] \right\}\mathrm{d}x$$

其中，$A = \sqrt{r_s}\left[1 + \sqrt{r_j}\dfrac{\sin(\Delta\omega T + \varphi_j) - \sin\varphi_j}{\Delta\omega T} \right]$；$B = \sqrt{r_j}\dfrac{\cos(\Delta\omega T + \varphi_j) - \cos\varphi_j}{\Delta\omega T}$），所以 $p_M = 1 - \int_{-\frac{\pi}{M}}^{\frac{\pi}{M}} p_{\theta_r}(\theta_r)\mathrm{d}\theta_r$。

依据式（1.7）分析误码率 P_e 取极值的情况，只需对上式求微分，求得此时应满足的关系式。经过求微分，得到如下 2 个关系式：

（1）$\sin(\Delta wT + \varphi_j) = \sin\varphi_j$；

（2）$\cos(\Delta wT + \varphi_j) \times \Delta wT = \sin(\Delta wT + \varphi_j) - \sin\varphi_j$。

由（1）显然有 $\Delta wT = 2k\pi$，即，$\Delta f = k \times \dfrac{1}{T}$。

满足上面两个条件时，P_e 取极值。如果进一步分析极大值和极小值则需对 P_e 求二阶微分，鉴于求导过程非常复杂，这里不再求取，而针对 P_e 进行仿真，由仿真结果可以看出满足上面两个条件时的极值情况。

1.3 BPSK 信号最佳干扰的仿真

1.3.1 基于公式的仿真

仿真是利用 C♯ 软件针对公式（1.7）进行计算，得到的仿真图如图 1.2 所示。

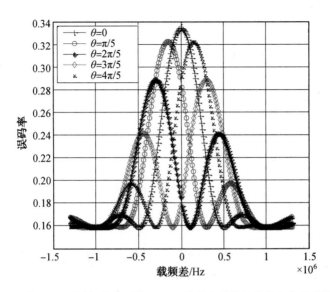

图 1.2　不同相位差下的 BPSK 误码率随载频差的变化曲线图

图 1.2 中,纵轴为误码率,横轴为干扰信号与通信信号的载频差 Δf,单位为 Hz。不同线条的图形分别代表不同的干扰信号初始相位:点画线表示的是当干扰信号与通信信号相位差为 0 时,误码率随载频差的变化曲线;圈画线、星画线、圈虚线、叉画线分别表示相位差为 $\frac{\pi}{5}$、$\frac{2\pi}{5}$、$\frac{3\pi}{5}$、$\frac{4\pi}{5}$ 时,误码率随载频差的变化曲线。

保持其他条件不变,相位差变化区间为 $[0,2\pi]$。对于干扰信号与通信信号载频一致时,误码率随干扰初始相位的变化曲线如图 1.3 所示。

图 1.3 中,纵轴为误码率;横轴为相位差,单位为 rad。

由仿真可以得出如下几个结论。

(1)数字调制信号的误码率与信噪比、干信比,干扰信号与通信信号载频差、相位差以及基带数据速率有关。

(2)当干扰信号与通信信号载频一致时,误码率并非最大,误码率随着相位差的变化而变化。

(3)考虑干扰信号与通信信号载频不一致时,当 $\Delta f = \frac{1}{T}$ 时,BPSK 误码率

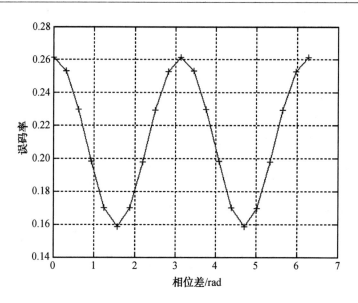

图 1.3　误码率随干扰初始相位的变化曲线图

最小,且误码率不随人为干扰信号的变化而变化。这个结论由 P_e 公式也可以看出,此时有 $P_e = Q(\sqrt{r_s})$,即误码率只与信噪比有关。

(4)当满足 $\cos(\Delta wT + \varphi_j) \times \Delta wT = \sin(\Delta wT - \varphi_j) - \sin \varphi_j$ 时,误码率达到最大值,由图 1.3 可以看出,当其他条件一定时,误码率的最大值随干扰信号与通信信号载频差、相位差变化而变化。由仿真数据,当相位差取 $\frac{3\pi}{5}$,干扰信号偏离通信信号载频约 300 kHz 时,误码率最大。

(5)当干扰信号初始相位为 0,干扰信号与通信信号载频一致时,误码率最大。大多数参考文献在讨论干扰情况时,常常假设相位差为 0,这可能是导致一般认为干扰信号与通信信号一致时干扰效果最好的原因之一。

(6)以上仿真条件假定数字基带数据速率为 1 Mbit/s,对于以往的数字通信,通信信号基带数据速率很小,一般都在 kbit/s 量级。此时,当误码率最大时,干扰信号与通信信号载频差比较小。如假定其他条件不变,仿真时基带数据速率为 10 kbit/s,误码率最大时,干扰信号与通信信号载频差约为

1.5 kHz。这应该是导致一般认为干扰信号与通信信号一致时干扰效果最好的另一个原因。

（7）保持干扰信号初始相位为某一值不变，当干扰信号与通信信号的载频差满足 $\cos(\Delta wT + \varphi_j) \times \Delta wT = \sin(\Delta wT - \varphi_j) - \sin \varphi_j$ 时，与载频差为 0 时相比，为达到同一误码率值，干扰功率减小约 2 dB。这在实际应用中是非常有用的：当采用最佳干扰信号频率时可以大大地节省干扰信号功率。

1.3.2　基于通信系统的仿真

以上的仿真，我们是基于数学公式的仿真，下面建立通信系统模型，通过对通信系统模型的仿真，验证上述结果。

采用 Matlab 仿真软件进行。基带信息数据速率为 1 Mbit/s，载波为 10 MHz，图 1.4 所示结果为相位差为 $\frac{\pi}{5}$、代表范围为 -0.8 MHz 至 8 MHz，步间隔为 10 kHz 时的 BPSK 误码率随载频差的变化曲线。图 1.5 为载频差 $\Delta f = 0$，相位差 $\varphi_j = 0 : 0.01\pi : 2\pi$ 的仿真结果图。

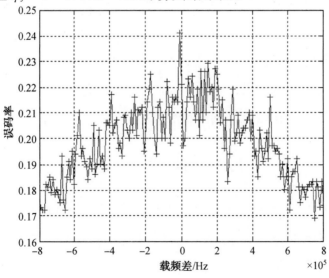

图 1.4　相位差为 $\frac{\pi}{5}$ 的 BPSK 误码率随载频差的变化曲线

图 1.4 中,纵轴为误码率;横轴为干扰信号与通信信号载频差,单位为 Hz。

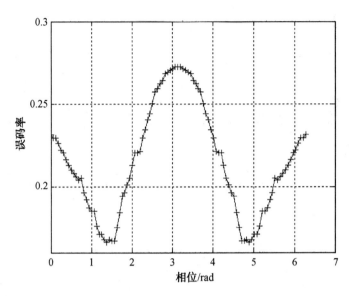

图 1.5　频率一致时 BPSK 误码率随干扰信号初始相位变化曲线

图 1.5 中,纵轴为误码率;横轴为干扰信号初始相位,单位为 rad。

图 1.4 中所得结果尽管也说明了当存在一定载频差时的误码率最大,但是与图 1.2 结果存在较大的差异。这种差异是合理的,主要是因为针对通信系统的仿真需要经过蒙特卡洛方法改变不同的初始值进行统计平均得到,而图 1.4 只是其中一次的结果。

图 1.5 和图 1.4 有比较好的一致性。

1.4　本章小结

BPSK 调制是数字通信调制里面最为典型的一种调制样式,针对 BPSK 调制信号进行最佳干扰的分析与仿真具有较强的代表性,通过分析和仿真也确实获得了一些有意义的结论,讨论如下。

(1)如果 1.3 节中结论 3 时正确的,那么这将是一个有意思的结果:当干扰信号与通信信号的载频差为基带数据速率时,无论干扰信号有多大,都不影响通信效果。试想,如果本章分析结论是正确的,那么从通信的角度来讲,是否可以通过干扰信号的变频,使得干扰信号与通信信号的载频差为通信信号的基带数据速率,以达到抑制干扰的目的?

(2)以往的数字通信其基带数据速率较小,而随着数字通信的快速发展,数字基带速率在不断的增大。同时,由于扩频体制的应用,使得数据速率大大增加,因此,以上所得结论对于高速率数据通信的干扰将会变得意义十分重大。

第 2 章　RS 编码的最佳干扰

信道编码的本质是提高信息传输的可靠性，从而在接收信息受到一定干扰的条件下仍然能够恢复原始的发送信息。自从 1948 年，香农（Shannon）发表了具有里程碑意义的 *The mathematics theory of communications*（通信的数学理论）一文，提出了信道编码定理，信道编码理论得到了快速的发展。近十年来，法国的 C. Berrou 等人提出了一种新型的纠错码——Turbo 码，在纠错编码领域取得了飞跃式突破。针对纠错编码领域的研究，主要集中在如何通过寻找编解码优良的方法达到加性高斯白噪声信道下的香农限。相关文献主要分析在 AWGN 信道下各种编解码方法的误码性能，而从对抗的角度研究在不同干扰样式下信道编码的抗干扰性能还并不多。本章主要研究几种信道编码技术在不同干扰样式下的误码性能，着重对 RS 码进行分析。

2.1　循环码及其纠检错能力分析

循环码是线性分组码的一个子集，诸多文献对其进行了详细的分析，这里只简单地介绍其基本概念，重点分析在不同干扰样式下的误码性能。

2.1.1　循环码

分组码由一组固定长度称为码字的矢量构成。码字的长度是矢量元素的个数，用 n 表示。码字的元素选自由 q 个元素组成的字符集。当字符集由 0、1 两个元素组成时，该码就是二进制码，此时码字的任一元素称作比特。当码字的元素从 q 个元素（$q>2$）组成的字符集选取时，该码为非二进制码。应该指出，当 q 是 2 的幂次，即 $q=2^b$（b 是正整数）时，每个 q 进制码元可以用对应的

包含 b bit(比特)的二进制表示。这样,分组长度为 N 的非二进制码可以映射成分组长度为 $n=bN$ 的二进制分组码。

长度为 n 的二进制分组码有 2^n 种可能的码字。从这 2^n 种码字中可以选择 $M=2^k$ 个码字($k<n$)组成一种码。这样,一个 k 比特信息的分组映射到长度为 n 的一个码字,该码字是从由 $M=2^k$ 个码字构成的码集中选出来的。这样得到的分组码为(n,k)码,定义 $k/n=R_c$ 为码率。更一般地,对于一个 q 进制码,存在 q^n 个可能的码字,可选择其中一个由 $M=2^k$ 个码字构成的子集来传送 k bit 长的信息分组。

除码率 R_c 这个参数外,另一个重要的参数是码字的重量,即该码字包含的非零元素的个数。通常,码字各有各的重量。编码中所有码字重量的集合形成该码的重量分布。如果全部 M 个码字都具有相同的重量,这种码叫作固定重量码或恒重码。

循环码是线性码的一个子集,它满足下列循环移位特性:如果 $C=[c_{n-1}, c_{n-2}, \cdots, c_1, c_0]$ 是某循环码的码字,那么由 C 的元素循环移位得到的 $[c_{n-2}, \cdots, c_1, c_0]$ 也是该循环码的一个码字,也就是说,码字 C 的所有循环移位都是码字。由于循环码的循环特性,该码具有许多构造上的特点,可以在编码和解码运算时利用。

2.1.2　最大长度移存器码

最大长度移存器码是循环码的一个子类,符合关系$(n,k)=(2^m-1,m)$。式中,m 是正整数。它的码字通常以校验多项式为基础,用带有反馈的 m 级移位寄存器产生。对于每个要发送的码字,其 m 个信息位送进移位寄存器,开关由位置 1 转换到位置 2。移存器的内容每次(拍)向左移一位,共移 2^m-1 次。这种运算产生了符合要求的长度为 2^m-1 的系统码。

应该指出,除全零码字外,移位寄存器产生的所有码字都是某一个码字不同次循环移位的结果。当移位寄存器输入一个初始值并将其移位 2^m-1 次时,它将循环通过所有 2^m-1 种可能的状态,在第 2^m-1 次移位时返回初始状态。因此,输出序列以长度 2^m-1 为周期。因为移存器只有 2^m-1 种可能状态,这个输出长度是可能的最大周期,这也解释了为什么 2^m-1 个码字可来自一个码字的不同次循环移位。m 为任意正整数时,最大长度移存器码都存在。

最大长度移存器码的码字还有另一个特点:除了全零码字外的所有码字都含有 2^{m-1} 个 1 和 2^{m-1} 个 0,因此所有码字都有相同的重量,即 $\omega=2^m-1$。又因是码线性,所以码重也就是码的最小距离,即 $d_{\min}=2^m-1$。

生成最大长度移存器码的移存器也可以用来产生一个周期长度为 $n=2^m-1$ 的二进制周期序列,该二进制周期序列具有周期性的自相关函数 $\Phi(m)$,$m=0,\pm n,\pm 2n,\cdots$ 时 $\Phi(m)=n$,在所有其他位移时 $\Phi(m)=-1$。这种脉冲状的自相关说明其功率谱近似白色,因此序列类似白噪声。事实上,在某典型数字通信系统中采用 CCSK 软扩频方式就是这种码型,其抗干扰性能将在下一章中详细介绍。

2.1.3 RS 码

非二进制分组码是由一组固定长度的码字构成,其码字的每个码元是从 q 个符号的集合,记作 $\{0,1,2,\cdots,q-1\}$ 中选出的。通常 $q=2^k$,所以 k 位信息比特映射到 q 个符号之一。非二进制码的码长用 N 表示,信息符号长度用 K 表示,每 K 个信息符号编成 N 个符号长的一个分组。非二进制码的最小距离用 $D_{\min}$ 表示。一个系统的 (N,K) 分组码由 K 个信息符号加上 $N-K$ 个一致校验符号组成。

在各种类型的非二进制现行分组码中,里德-所罗门码(以下简称 RS码)是最重要的实用型编码。这种码是 BCH 码的一个子类。这类码的参数可用式 $N=q-1=2^k-1$,$K=1,2,3,\cdots,N-1$,$D_{\min}=N-k+1$,$R_c=K/N$表示。

这种码可确保纠正 t 个符号差错,其中 $t=(D_{\min}-1)/2=(N-K)/2$。

当然,这种码也可以扩展或者缩短,与前述二进制码的做法一样。

RS 码的重量分布是已知的。在码多项式中各项的系数为

$$A_i = \begin{pmatrix} N \\ i \end{pmatrix} (q-1) \sum_{j=0}^{i-D} (-1)^j \begin{pmatrix} i-1 \\ j \end{pmatrix} q^{i-j-D} \quad (i \geqslant D_{\min}) \tag{2.1}$$

式中,$D \equiv D_{\min}$;$q = 2^k$。

RS 码之所以重要,原因之一是该码的距离特性好,其次是因为存在一种有效的硬判决译码算法,使得在许多需要长码的应用场合,该码能够被实现。

某典型数字通信系统采用的是 MSK 调制方式,但基于 RS 编码、MSK 调制的公式推导十分复杂,因此下文将以 BPSK 调制为例进行分析。事实上,对于大多数数字调制样式,其结果都较为相似。

2.2　干扰条件下 RS 硬判决译码下的差错概率

2.2.1　二进制线性分组码差错概率

下面推导二进制线性分组码采用硬判决译码并纠错后剩余的差错概率。

显然,当(但未必仅当)一个码字的差错个数小于该码最小距离 $d_{\min}$ 的一半时,二进制对称信道的最佳译码器可以正确地译码。也就是说,任何一个差错数高达 $t = (d_{\min} - 1)/2$ 的码字都是可纠正的。由于二进制对称信道是无记忆的,比特差错独立地发生,在 n 比特码块中出现 m 个差错的概率为

$$P(m,n) = \begin{pmatrix} n \\ m \end{pmatrix} p^m (1-p)^{n-m} \tag{2.2}$$

因此,码字差错概率上边界的表达式为

$$P_m \leqslant \sum_{m=t+1}^{n} P(m,n) \tag{2.3}$$

仅当线性分组码为完备码时,式(2.3)中的等号才成立。为了描述完备码的基本特性,假定围绕每一个可能发送的码字放置一个半径为 t 的球。每个

围绕码字的球内包含与该码字汉明距离小于等于 t 的所有码字的集合，这样，在半径为 $t = (d_{\min}-1)/2$ 的球内的码字数为

$$1 + \binom{n}{1} + \binom{n}{2} + \cdots + \binom{n}{t} = \sum_{i=0}^{t} \binom{n}{i} \tag{2.4}$$

因为有 $M = 2^k$ 个可能发送的码字，也就是有 2^k 个不相重叠的半径为 t 的球。包含在 2^k 个球中的码字总数不会超过 2^n 个可能的接收码字。于是，一个纠差错的码必然满足不等式

$$2^k \sum_{i=0}^{t} \binom{n}{i} \leqslant 2^n \tag{2.5}$$

即

$$2^{n-k} \geqslant \sum_{i=0}^{t} \binom{n}{i} \tag{2.6}$$

完备码具有下述特性：围绕 $M = 2^k$ 个可能发送码字，汉明距离为 $t = (d_{\min}-1)/2$ 的所有球都是不相交的，每一个接收码字都落在这些球的某一个中。因此，每个接收码字离开可能发送码字的距离至多为 t，这时式（2.5）取等号，对于这种码，所有重量小于等于 t 的差错图案都能用最佳（最小距离）译码器得到纠正。另一方面，任何重量等于或大于 $t+1$ 的差错图案都不能纠正，所以式（2.3）给出的差错概率表达式可以取等号。$d_{\min}=7, t=3$ 的 $(23,12)$ 高莱码是一种完备码，具有参数 $n = 2^{n-k}-1, d_{\min}=3$ 和 $t=1$ 的汉明码也是完备码。这两种特殊码，以及由长度为奇数 n 的两个码字组成且满足 $d_{\min}=n$ 的任何码，是二进制分组码中仅有的完备码。这些码与具有相同分组长度，相同信息位的其他码相比，在 BSC 信道中具有最小的差错概率，从这个意义上说，它们是最佳的。

上述关于最佳性能的定义对于准完备码也是成立的。准完备码的特点是所有 M 个围绕可能发送码字，汉明半径为 t 的球互不相交，并且每个接收码

字离开可能发送码字之一的距离至多为 $t+1$。对于这种准完备码，所有重量小于等于 t 的差错图案以及某些重量等于 $t+1$ 的差错图案都是可纠的，但任何重量等于或大于 $t+2$ 的差错图案都将导致不正确的译码。很明显，式 (2.3) 是差错概率的上边界，且

$$P_m \geqslant \sum_{m=t+2}^{n} P(m,n) \qquad (2.7)$$

是下边界。

利用不等式 (2.6)，可以得到一个能更精确地测量准完备码性能的式子，即半径为 t 的 $n=2^k$ 个球之外的全部码字的数目为

$$N_{t+1} = 2^n - 2^k \sum_{i=0}^{t} \begin{bmatrix} n \\ i \end{bmatrix} \qquad (2.8)$$

如果把这些球外的码字等分成 2^k 个集合，每一集合对应到 2^k 个球之一，则每个球由于加上如下数量的码字而扩大了：

$$\beta_{t+1} = 2^{n-k} - \sum_{i=0}^{t} \begin{bmatrix} n \\ i \end{bmatrix} \qquad (2.9)$$

这些被加上的码字与发送码字的距离为 $t+1$。这样做的结果是在距离各码 $t+1$ 的 $\begin{bmatrix} n \\ t+1 \end{bmatrix}$ 个差错图案中能够纠正 β_{t+1} 个差错。于是准完备码的译码差错概率可以表示为

$$P_m = \sum_{m=t+2}^{n} p(m,n) + \left[\begin{bmatrix} n \\ t+1 \end{bmatrix} - \beta_{t+1} \right] p^{t+1} (1-p)^{n-t-1} \qquad (2.10)$$

虽然准完备码不是对所有任选的 n 和 k 都存在，但是现在已知存在许多准完备码。由于这种码用于二进制对称信道是最佳的，所以任何 (n,k) 线性分组码的差错概率至少如式 (2.10) 那么大。因此，式 (2.10) 是任何 (n,k) 线性分组码差错概率的下边界，式中 t 是使 $\beta_{t+1} \geqslant 0$ 成立的最大整数。

研究两个最小距离不同的码字，可以得出另外一对上下边界。首先，我们

注意到 P_M 不可能小于将发送码字错误地译码成它最邻近码字(它们离原发送码字的距离为最小距离 $d_{\min}$)的概率,即

$$P_m \geqslant \sum_{m=\frac{d_{\min}}{2}+1}^{d_{\min}} \binom{d_{\min}}{m} p^m (1-p)^{d_{\min}-m} \tag{2.11}$$

另一方面,P_m 不可能大于将发送码字错误地译码成最邻近码字(它们离原发送码字的距离是最小距离 $d_{\min}$)概率的 $M-1$ 倍。这是一个联合边界,可表示为

$$P_m \leqslant (M-1) \sum_{m=\frac{d_{\min}}{2}+1}^{d_{\min}} \binom{d_{\min}}{m} p^m (1-p)^{d_{\min}-m} \tag{2.12}$$

当 M 很大时,式(2.11)表示的下边界和式(2.12)表示的上边界是非常松散的。

紧密的 P_m 上边界可用契尔诺夫边界求得。再次假定发送的是全零码。将收到的码字和全零码以及重量为 ω_m 的码字比较,由契尔诺夫边界求得译码差错概率的上界为

$$P_2(\omega_m) \leqslant [4p(1-p)]^{\frac{\omega_m}{2}} \tag{2.13}$$

综合这些二进制判决可得到联合上边界

$$P_m \leqslant \sum_{m=2}^{M} [4p(1-p)]^{\frac{\omega_m}{2}} \tag{2.14}$$

如用 $d_{\min}$ 替代重量分布,得到比式(2.14)更简单的形式,即

$$P_m \leqslant (M-1)[4p(1-p)]^{\frac{\omega_m}{2}} \tag{2.15}$$

当然,式(2.14)是比式(2.15)更紧的上边界。

2.2.2 RS 码的差错概率

非二进制码与每次发送 2^k 种可能符号之一的 M 进制调制技术十分匹配,特别适合用于 M 进制正交信号,如在 M 进制 FSK 中,字符集的 q 个符号

与 $M=2^k$ 个正交信号正好一一对应。这样,发送 N 个正交信号就完成了一个码字的传输,其中每个正交信号都是从 $M=2^k$ 个可能的信号中选取的。

信号在 AWGN 信道传输时劣化,接收这种信号的最佳解调器由 M 个匹配滤波器(或互相关器)组成,匹配滤波器的输出以软判决或硬判决形式送到译码器。如果译码器采用的是硬判决,那么用符号差错概率 P_M 和编码参数来描述译码器的特性就足够了。事实上,调制器、AWGN 信道和解调器构成了一个等效的离散(M 进制)输入、离散(M 进制)输出的对称无记忆信道,其特性可以用转移概率 $P_c=1-P_M$ 和 $P_M/(M-1)$ 描述。这种模型是二进制对称信道(BSC)模型的推广。

硬判决译码器的性能可用下述码字差错概率上边界表示:

$$P_e \leqslant \sum_{i=t+1}^{N} \binom{N}{i} P_M^i (1-P_M)^{N-i} \tag{2.16}$$

式中,t 是确保该码能纠正的差错个数。

在码字产生差错时,对应的符号差错概率为

$$P_{es} = \frac{1}{N} \sum_{i=t+1}^{N} i \binom{N}{i} P_M^i (1-P_M)^{N-i} \tag{2.17}$$

进一步,如果将符号转换成二进制数字,对应式(2.17)的比特差错概率为

$$P_{eb} = \frac{2^{k-1}}{2^k-1} P_{es} \tag{2.18}$$

2.3　RS 码的仿真结果及分析

2.3.1　基于公式的仿真

这里只针对 RS 码在单音干扰下的误码率公式进行仿真。由公式(2.17)、公式(2.18)可知,单音干扰下 RS 码误码率公式为

当调制样式为 BPSK 时

$$P_e = \frac{1}{N}\sum_{i=t+1}^{N} i \binom{N}{i} P^i (1-P)^{N-i}$$

其中

$$P = \frac{1}{2}\left\{ Q\left[\sqrt{r_s}\left(1 + \sqrt{r_j}\frac{\sin(\Delta wT + \varphi_j) - \sin\varphi_j}{\Delta wT}\right)\right] + \right.$$

$$\left. Q\left[\sqrt{r_s}\left(1 - \sqrt{r_j}\frac{\sin(\Delta wT + \varphi_j) - \sin\varphi_j}{\Delta wT}\right)\right]\right\}$$

当调制样式为 MPSK 时

$$P_{es} = \frac{1}{N}\sum_{i=t+1}^{N} i \binom{N}{i} P_M^i (1-P_M)^{N-i}$$

$$P_{eb} = \frac{2^{k-1}}{2^k - 1} P_{es}$$

其中

$$P_M = 1 - \int_{\frac{\pi}{M}}^{\frac{\pi}{M}} p_{\theta_r}(\theta_r)\,\mathrm{d}\theta_r$$

$$p_{\theta_r}(\theta_r) = \frac{1}{2\pi}\exp\left(-\frac{A^2 + B^2}{2}\right)\int_0^\infty x\exp\left\{-\frac{1}{2}\left[x^2 + (2A\cos\theta_r + 2B\sin\theta_r)x\right]\right\}\mathrm{d}x$$

$$A = \sqrt{r_s}\left(1 + \sqrt{r_j}\frac{\sin(\Delta wT + \varphi_j) - \sin\varphi_j}{\Delta wT}\right)$$

$$B = \sqrt{r_j}\frac{\cos(\Delta wT + \varphi_j) - \cos\varphi_j}{\Delta wT}$$

基于上述公式进行仿真结果如下所述。

(1)RS 编码 BPSK 调制误码率随干信比的变化。

仿真码型为(31,15),其他条件见表 2.1。所得仿真结果图如图 2.1 所示。

表 2.1　误码率随干信比变化的仿真条件

参数	取值	参数	取值
φ_j	$\dfrac{\pi}{5}$	Δf	1 kHz
T	0.1 ms	r_s	3
r_j	[0.1,5]，间隔 0.1		

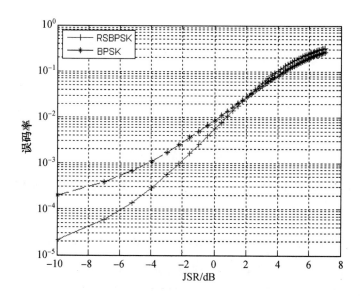

图 2.1　误码率随干信比的变化关系

图 2.1 中横轴为干信比 JSR，单位为 dB；纵轴为误码率 BER。星画线为 BPSK 调制未编码的误码率曲线，点画线为 RS 编码后的误码率曲线。

（2）RS 编码 BPSK 调制误码率随信噪比的变化。

利用表 2.2 仿真条件，所得仿真结果图如图 2.2 所示。

表 2.2　误码率随信噪比变化的仿真条件

参数	取值	参数	取值
φ_j	$\dfrac{\pi}{5}$	Δf	1 kHz
T	0.1 ms	r_s	[0.1,2.4]，间隔 0.1
r_j	2		

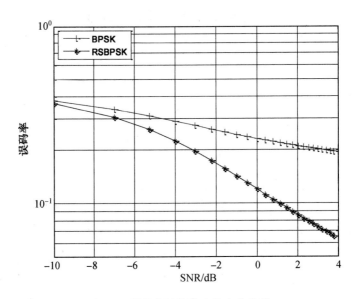

图 2.2　误码率随信噪比的变化曲线

图 2.2 中横轴为信噪比 SNR,单位为 dB;纵轴为误码率。点画线为 BPSK 未编码的误码率曲线,星画线为编码后误码率曲线。

(3)RS 编码 BPSK 调制误码率随载频差的变化(表 2.3)。

表 2.3　误码率随载频差仿真条件

参数	取值	参数	取值
φ_j	$0,\dfrac{\pi}{4},\dfrac{\pi}{2}$	Δf	$[-20\text{ kHz},20\text{ kHz}]$,间隔 1 kHz
T	0.1 ms	r_s	1
r_j	3		

RS 编码码型为(31,15)分组码,所得仿真结果如图 2.3 所示。

图 2.3 中横轴为载频差,单位为 Hz;纵轴为误码率。星画线为相位差为 0 时编码后的误码率随载频差的变化曲线,圈画线和点画线分别为相位差为 $\dfrac{\pi}{2}$、$\dfrac{\pi}{4}$ 时的误码率曲线。

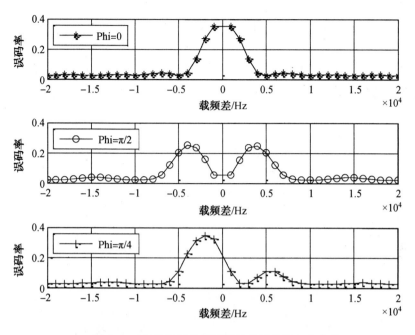

图 2.3　RS 编码后的误码率随载频差的变化曲线

2.3.2　基于通信系统的仿真

构建如图 2.4 所示基于 BPSK 调制的 RS 纠错编码性能仿真模型,其中信源模块负责产生随机的二进制码比特流作为传送序列,RS 编码模块对传输比特流进行 RS 纠错编码,干扰样式包括单音和噪声调频干扰,图 2.5～2.7 示出了其中的一些结果。

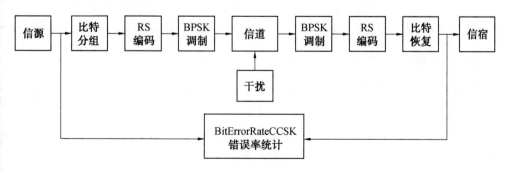

图 2.4　RS 纠错编码性能仿真模型

图 2.5 是单音干扰信号和 BPSK 通信信号相位差为 $\frac{\pi}{4}$ 时, 系统误码率随干信比的变化曲线,纵轴为误码率,横轴为干信比,单位为 dB,星画线为 RS 编码后系统的误码率变化曲线,圈画线为 RS 编码前的误码率曲线。

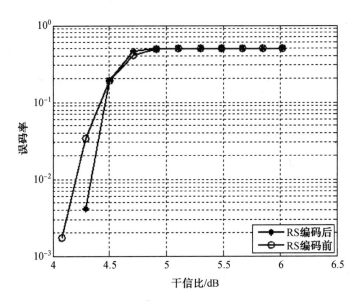

图 2.5　误码率随干信比的变化曲线

图 2.6 是单音干扰下相位差为 0 时系统误码率随载频差的变化曲线,纵轴为误码率,横轴为干扰信号与通信信号载频差,单位为 kHz,星画线为 RS 编码前系统误码率变化曲线,圈画线为 RS 编码后的误码率曲线。

图 2.7 是单音干扰下相位差为 $\frac{\pi}{2}$ 时系统误码率随载频差的变化曲线,纵轴为误码率,横轴为干扰信号与通信信号载频差,单位为 kHz,星画线为 RS 编码前系统的误码率随载频差的变化曲线,圈画线为 RS 编码后的误码率曲线。

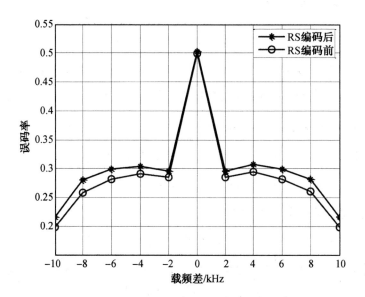

图 2.6 相位差为 0 时误码率随载频差变化曲线

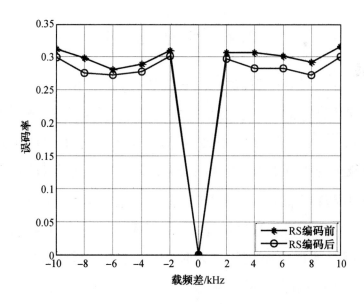

图 2.7 相位差为 $\frac{\pi}{2}$ 时系统误码率随载频差变化曲线

2.3.3　仿真结果分析

RS 码是一种常用的编码,具有较好的抗噪声性能。由仿真结果图 2.2 可以看出,当信噪比较高时,RS 编码后的误码率远低于编码前的,具有较好的抗噪声性能;而随着信噪比的降低,RS 编码性能越来越不明显。同样的效果表现在 RS 编码抗单音干扰的分析中,如图 2.1、图 2.5 所示。当信号功率较强时,RS 编码优势较为明显,随着干信比的增大,RS 编码性能急剧恶化,当干信比达到某一数值时,RS 编码后的误码率反而不如编码前,出现了"越纠越错"的现象。这也是符合 RS 编码特性的。

由图 2.3、图 2.6 和图 2.7 可以看出,针对 RS 编码的干扰并非干扰信号与通信信号频率一致时干扰效果最好,而是存在一定的频差,频差的大小与干扰信号和通信信号的相位差密切相关。这个结论在 BPSK 干扰的理论分析中已经详细阐述。

2.4　本章小结

本章着重分析了 RS 编码的抗干扰性能,建立了 RS 编码的仿真模型,通过理论分析和仿真得出了一些较为实用的结论。针对 RS 编码的抗白噪声干扰性能,诸多文献给出了详细的介绍,但对于有意的人为干扰,研究资料较少。本章重点分析单音干扰下 RS 编码的误码率随不同干扰参数的变化关系。理论分析表明,RS 编码在单音干扰条件下的误码率不仅与干信比、信噪比有关,还与干扰信号和通信信号载频差、相位差,基带数据速率等因素有关。一般情况下,当 RS 编码的误码率达到最大时,干扰信号与通信信号存在一定的偏差,而偏差的量值与诸多因素有关。

RS 编码具有较强的抗白噪声性能,尤其是在信噪比较高的情况下,RS 编码效能远优于未编码的通信系统。但若存在较强的干扰信号时,RS 编码效能急剧下降,当干信比达一定数值后,RS 编码后反而不如未编码的通信系统。因此,RS 编码并不具备较强的抗人为干扰性能。本章建立了 RS 编码仿真模型,通过加入不同的干扰样式,所得结果验证了上述分析。

第 3 章　扩频技术的最佳干扰

3.1　直接序列扩频调制概述

直接序列扩频系统(DSSS)又称为直接序列调制系统或噪声系统(PN 系统),简称为直接扩频系统,是目前应用较为广泛的一种扩频系统。人们对直接序列扩频系统的研究较早,研制出了许多直扩系统,如美国的国防通信卫星系统(AN—VSC—28)、全球定位系统(GPS)、航天飞机通信用的跟踪和数据中继卫星系统(TDRSS)等都是直接序列扩频技术应用的实例。

直接序列扩频系统是将要发送的信息用伪随机(PN)序列扩展到一个很宽的频带上去,在接收端,用相同的伪随机序列对接收到的扩频信号进行相关处理,恢复出原来的信息。干扰信号由于与伪随机序列不相关,在接收端被扩展,使落入信号频带内的干扰信号功率大大降低,从而提高了系统的输出信噪(干)比,达到抗干扰的目的。

图 3.1 为直扩频系统的组成原理框图。由信源输出的信号 $a(t)$ 是码元持续时间为 T_a 的信息流,为随机码产生器产生的伪随机码为 $c(t)$,每一伪随机码元宽度或切普(chip)宽度为 T_c,将信号与伪随机码进行模 2 加,产生一速率与伪随机码速率相同的扩频序列,然后再用扩频序列去调制载波,这样就得到已经扩频调制的射频信号。

在接收端,接收到的扩频信号经高放和混频后,用与发端同步的伪随机序列对中频的扩频调制信号进行相关解扩,将信号的频带恢复为信息序列的频带,即为中频调制信号;然后再进行解调,恢复出所传输的信息,从而完成信息的传输。对于干扰信号和噪声而言,由于与伪随机序列不相关,在相关解扩器的作用下,相当于进行了一次扩频。干扰信号和噪声频带被扩展后,其谱密度降低,这样就大大降低了进入信号通频带内的干扰功率,使解调器的输入信噪比和信干比提高,从而提高了系统的抗干扰能力。

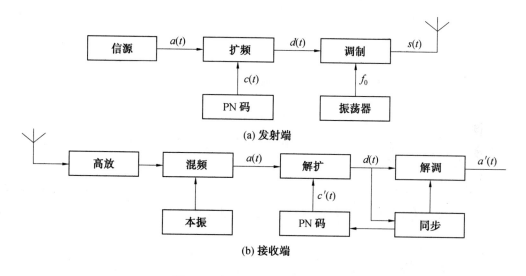

图 3.1　直扩频系统的组成原理框图

诸多文献详细介绍了直接序列扩频系统的工作原理,下面重点分析单音干扰对直接序列扩频的干扰效果。

3.2　直接序列扩频信号的最佳干扰

针对直接序列扩频系统抗白噪声干扰性能,诸多文献给出了有益的研究和探索,但对于有意的人为干扰,直接序列扩频系统在不同干扰样式下的抗干扰性能,相关的文献还比较少。单音干扰是一种常用的人为连续波干扰,也是较为简单的干扰样式,其对直扩系统的干扰性能有一些文献给出了分析,但所得结果却有较大的差异。传统的观点认为当干扰信号对准直扩系统的载频(或相差不大)时,干扰效果最好,有文献通过计算分析,得出当干扰信号频率与通信信号载频差为基带数据速率时干扰效果最好。但在实际的实验中发现直扩系统在单音干扰下的误码率与众多参数都有关系，不仅仅只与载频差有关。有文献通过计算分析得出了一些结论，但对所得结果也没有较为深入的分析。本节参考以上文献，对直扩系统在单频干扰下的误码率公式做了详细的理论推导，并通过仿真分析不同条件下的误码性能，以求给出较为详细的结果。

3.2.1 直接序列扩频信号最佳干扰的理论推导

为了公式推导的方便，本节以 BPSK 调制为例进行分析。

图 3.2 所示为含有高斯白噪声和单音干扰的 BPSK 直扩信号相关解调的示意图。

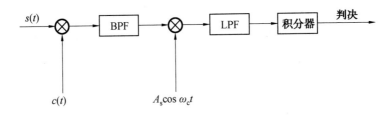

图 3.2 BPSK 直扩信号相关解调示意图

设已接收信号 $S(t)$ 为

$$S(t) = A_s a(t) c(t) \cos \omega_c t + n_j(t) + n(t) \tag{3.1}$$

其中 $n_j(t) = A_j \cos(w_j t + \varphi_j)$ 为单频干扰；$n(t)$ 为高斯白噪声，均值为 0，方差为 N_0；$a(t)$ 为信息码元，码元周期为 T；$c(t)$ 为扩频码元，周期为 T_c。

发送"1"和"0"时的抽样判决输出为 v_1 和 v_0，则有

$$\left. \begin{aligned} v_1 &= \frac{A_s^2}{2} T + \frac{A_j A_s}{2} \int_{(n-1)T}^{nT} \cos(\Delta wt + \varphi_j) \cdot c(t) \mathrm{d}t + \int_{nT}^{(n+1)T} n_1(t) \mathrm{d}t \\ v_0 &= \frac{A_s^2}{2} T + \frac{A_j A_s}{2} \int_{(n-1)T}^{nT} \cos(\Delta wt + \varphi_j) \cdot c(t) \mathrm{d}t + \int_{nT}^{(n+1)T} n_0(t) \mathrm{d}t \end{aligned} \right\} \tag{3.2}$$

由上节分析，显然有

$$\left.\begin{array}{l} \mu_1 = \dfrac{A_s^2}{2}T + \dfrac{A_j A_s}{2}\displaystyle\int_{(n-1)T}^{nT} \cos(\Delta wt + \varphi_j) \cdot c(t)\mathrm{d}t \\[4mm] \mu_0 = \dfrac{A_s^2}{2}T + \dfrac{A_j A_s}{2}\displaystyle\int_{(n-1)T}^{nT} \cos(\Delta wt + \varphi_j) \cdot c(t)\mathrm{d}t \end{array}\right\} \tag{3.3}$$

同时可知，$\sigma_1^2 = \dfrac{A_s^2}{4}n_0 T$，$\sigma_0^2 = \dfrac{A_s^2}{4}n_0 T$。

若"0""1"等概率发送时，总误码率为

$$P_e = \frac{1}{2}(P_{e1} + P_{e0}) = \frac{1}{2}\left(1 + Q\frac{\mu_1}{\sigma_1} - Q\frac{\mu_0}{\sigma_0}\right) \tag{3.4}$$

下面主要分析 $\dfrac{A_j A_s}{2}\displaystyle\int_{(n-1)T}^{nT} \cos(\Delta wt + \varphi_j) \cdot c(t)\mathrm{d}t$ 的情况。

显然有，

$$\int_{(n-1)T}^{nT} \cos(\Delta wt + \varphi_j) \cdot c(t)\mathrm{d}t$$

$$= \cos\varphi_j \int_{(n-1)T}^{nT} \cos\Delta wt \cdot c(t)\mathrm{d}t - \sin\varphi_j \int_{(n-1)T}^{nT} \sin\Delta wt \cdot c(t)\mathrm{d}t \tag{3.5}$$

令 $s = t - (n-1)T$，上式为

$$\int_{(n-1)T}^{nT} \cos(\Delta wt + \varphi_j) \cdot c(t)\mathrm{d}t$$

$$= \cos\varphi_j \int_0^T \cos\Delta w(s + (n-1)T) \cdot c(s + (n-1)T)\mathrm{d}s -$$

$$\sin\varphi_j \int_0^T \sin\Delta w(s + (n-1)T) \cdot c(s + (n-1)T)\mathrm{d}s$$

又因

$$\int_0^T \cos\Delta w(s + (n-1)T) \cdot c(s + (n-1)T)\mathrm{d}s$$

$$= \int_0^T \big[\cos\Delta ws \cdot c(s + (n-1)T) \cdot \cos\Delta w(n-1)T$$

$$- \sin\Delta ws \cdot c(s + (n-1)T) \cdot \sin\Delta w(n-1)T\big]\mathrm{d}s$$

$$= \cos\Delta w(n-1)T \int_0^T \cos\Delta ws \cdot c(s + (n-1)T)\mathrm{d}s$$

$$-\sin \Delta w(n-1)T \int_0^T \sin \Delta ws \cdot c(s+(n-1)T)\mathrm{d}s$$

令 $\int_0^T \cos \Delta ws \cdot c(s+(n-1)T)\mathrm{d}s = F, \int_0^T \sin \Delta ws \cdot c(s+(n-1)T)\mathrm{d}s = G$

则式(3.5)为

$$= \cos \varphi_j \cdot \cos \Delta w(n-1)T \cdot F - \cos \varphi_j \cdot \sin \Delta w(n-1)T \cdot G$$
$$- \sin \varphi_j \cdot \cos \Delta w(n-1)T \cdot G - \sin \varphi_j \cdot \sin \Delta w(n-1)T \cdot F$$
$$= \cos \Delta w(n-1)T \cdot (\cos \varphi_j \cdot F - \sin \varphi_j \cdot G)$$
$$- \sin \Delta w(n-1)T \cdot (\cos \varphi_j \cdot G + \sin \varphi_j \cdot F)$$

由前面推导误码率公式可知,如果考虑一个码元内只有一个扩频码周期,则有 $c(s+(n-1)T) = c(s)$,令

$$\beta = \cos \Delta w(n-1)T \cdot (\cos \varphi_j \cdot F - \sin \varphi_j \cdot G)$$
$$- \sin \Delta w(n-1)T \cdot (\cos \varphi_j \cdot G + \sin \varphi_j \cdot F)$$
$$F = \int_0^T \cos \Delta ws \cdot c(s)\mathrm{d}s, G = \int_0^T \sin \Delta ws \cdot c(s)\mathrm{d}s$$

可得

$$\int_{(n-1)T}^{nT} \cos(\Delta wt + \varphi_j) \cdot c(t)\mathrm{d}t = \beta \tag{3.6}$$

其中

$$\beta = \cos \Delta w(n-1)T \cdot (\cos \varphi_j \cdot F - \sin \varphi_j \cdot G)$$
$$- \sin \Delta w(n-1)T \cdot (\cos \varphi_j \cdot G + \sin \varphi_j \cdot F) \tag{3.7}$$

$$F = \int_0^T \cos \Delta ws \cdot c(s)\mathrm{d}s \tag{3.8}$$

$$G = \int_0^T \sin \Delta ws \cdot c(s)\mathrm{d}s \tag{3.9}$$

由前面推导误码率公式可知,如果考虑一个码元内只有一个扩频码周期,则有 $c(s+(n-1)T) = c(s)$,扩频信号带宽 $B = 2LB_a$,其中,L 为扩频码的长度,B_a 为信息码元速率。则

$$\left.\begin{aligned} \mu_1 &= \frac{A_s^2}{2}T + \frac{A_j A_s}{2}\beta \\ \mu_0 &= \frac{A_s^2}{2}T + \frac{A_j A_s}{2}\beta \end{aligned}\right\} \tag{3.10}$$

可知

$$P_e = \frac{1}{2}\left\{ Q\left[\sqrt{r_s} \cdot \sqrt{L} \cdot \left(1 + \sqrt{r_j} \cdot \frac{\beta}{T}\right)\right] + Q\left[\sqrt{r_s} \cdot \sqrt{L} \cdot \left(1 - \sqrt{r_j} \cdot \frac{\beta}{T}\right)\right] \right\} \tag{3.11}$$

同样,若求误码率的极值情况,须对上述公式进行一阶和二阶导数,这个过程十分烦琐,下面针对推导公式进行仿真,分析误码率极值情况。

3.2.2　直扩信号最佳干扰的仿真

不同于通信系统的仿真,这里主要针对以上公式进行仿真。分为以下几种情况。

(1)不同相位差下的误码率随频偏的变化情况。

相位差 φ_j 分别为 0、$\frac{\pi}{4}$、$\frac{\pi}{2}$,m 序列阶数为 3,本原多项式为 $13F$,其他参数见表 3.1。

表 3.1　误码率随频偏仿真条件

参数	取值	参数	取值
φ_j	$0, \frac{\pi}{4}, \frac{\pi}{2}$	Δf	$[-20\ \text{kHz}, 20\ \text{kHz}]$,间隔 1 kHz
T	0.1 ms	r_s	1
r_j	10	L	7
m	1001011	n	2

按表 3.1 给出的参数取值,得到的仿真图如图 3.3 所示。

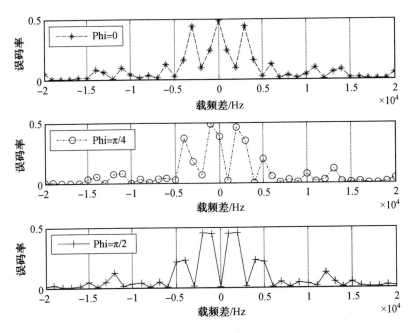

图 3.3 不同相位差下的误码率随载频偏的变化情况

图 3.3 中，第 1 幅图的点划线为干扰初始相位 $\varphi_j = 0$ 时的误码率 P_e 随频偏 Δf 的变化情况，第 2 幅和第 3 幅图分别为 $\varphi_j = \dfrac{\pi}{4}$ 和 $\varphi_j = \dfrac{\pi}{2}$ 时的误码率 P_e 随频偏 Δf 的变化情况。

(2)不同干信比下的误码率随频偏的变化情况。

干信比 r_j 分别为 10、8、6，m 序列阶数为 3，本原多项式为 13F，其他参数见表 3.2。

表 3.2　仿真条件

参数	取值	参数	取值
φ_j	$\dfrac{\pi}{5}$	Δf	$[-20\ \text{kHz}, 20\ \text{kHz}]$，间隔 1 kHz
T	0.1 ms	r_s	1
r_j	10,8,6	L	7
m	1001011	n	2

按表 3.2 给出的参数取值,得到的仿真图如图 3.4 所示。

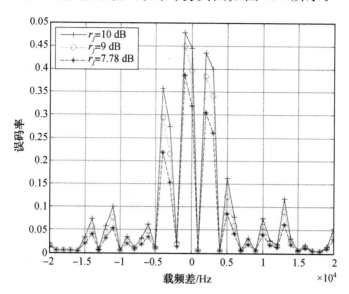

图 3.4　不同干信比下的误码率随载频差的变化情况

图 3.4 中,点画线为 $r_j = 10$ 时,误码率 P_e 随频偏 Δf 的变化情况;星虚线和圈画线分别为 $r_j = 8$, $r_j = 6$ 时误码率 P_e 随频偏 Δf 的情况。

(3)不同码序列下的误码率随 n 值的变化情况。

m 序列阶数分别为 3 和 4,本原多项式为 13F 和 23F;n 取 [1,20],间隔 1;其他参数见表 3.3。

表 3.3　仿真条件

参数	取值	参数	取值
φ_j	$\dfrac{\pi}{5}$	Δf	3 kHz
T	0.1 ms	r_s	1
r_j	10	L	7 15
m	1001011 100010011010111	n	[1,20],间隔 1

按照表 3.3 参数取值,得到的仿真图如图 3.5 所示。

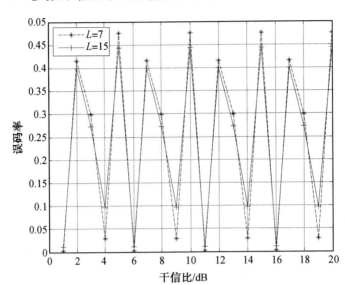

图 3.5　不同码序列下的误码率随 n 值的变化情况

图中点画线代表 m 序列阶数为 3,星画线阶数为 4 时,误码率 P_e 随 n 的变化情况。

(4)不同 m 序列下的误码率随频偏的变化情况。

m 序列阶数分别为 3、4、5,本原多项式为 13F、23F、45E;其他参数见表 3.4。

表 3.4　仿真条件

参数	取值	参数	取值
φ_j	$\dfrac{\pi}{5}$	Δf	$[-20\text{ kHz},20\text{ kHz}]$,间隔 1 kHz
T	0.1 ms	r_s	1
n	2	L	7,15,31
m 序列多项式	13F,23F,45E		

按照表 3.4 参数取值,得到的仿真图如图 3.6 所示。

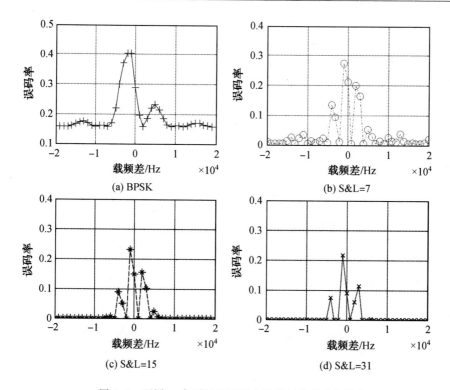

图 3.6　不同 m 序列下的误码率随载频偏的变化情况

由以上仿真结果可以得到如下结论。

（1）单频干扰对直扩系统的误码性能与系统的信噪比、干信比,扩频码及干扰信号与通信信号载频差、相位差,信息码元速率有关。

（2）由图 3.3 可以看出,不同的相位差,误码率最大值随频偏的变化是不同的。当相位差为 0,干扰信号与通信信号载频一致时,干扰效果最好,且误码率随频偏的变化基本关于载频对称。而当干扰相位差为 $\dfrac{\pi}{2}$,干扰信号与通信信号载频一致时,误码率反而最小,即干扰效果最差。保持其他条件不变,当干相位差 $\varphi_j = \dfrac{\pi}{4}$,干扰信号与通信信号载频差约为 3 kHz 时,干扰效果最好。

（3）由图 3.4 可以看出,在相同的条件,不同的干信比对误码率的影响是不同的,这是很显然的。当采用最佳的干扰信号频率时,干扰功率可节省约 1.2 dB。

(4)以上公式推导是考虑第 n 个接收码元的误码情况。由图 3.5 可以看出,不同的 n 值,误码率是不同的,这从误码率公式上也可以得到。由式 (3.11)可知,P_e 的周期为 Q,满足 $\Delta w \cdot Q \cdot T = 2k\pi$。在考虑单频干扰的直扩误码性能时,须综合考虑一个周期内的误码率情况。

(5)单纯由仿真结果图 3.6 看,保持其他条件不变,只改变 m 序列,当误码率最大时,干扰信号频率偏移通信信号载频的差值是相同的。

(6)由图 3.6 还可得出,保持其他条件不变,当采用最佳干扰信号频率时,针对不同 m 序列的干扰效果几乎是相同的(由图 3.6 可知,不同的 m 序列最大误码率均为 0.2 左右)。所不同的是,随着 m 序列的增大,误码率随频偏的变化曲线出现的极值情况越来越少,且取值也越来越小:当采用 7 位码的 m 序列时,第 2 个误码率极大值点大约为 0.15;当采用 31 位码的 m 序列时,除最佳干扰信号频率外,其余各个频点的误码率非常小,第 2 个极大值点不到 0.05。

3.2.3　结果分析

下面针对以上结论加以分析讨论。

(1)针对直扩系统的干扰误码率与相位差是密切相关的。在以往的分析中,常常假设干扰与通信信号的初始相位为 0,即相位差为 0,由仿真可以看出,这是造成一般认为当干扰信号与通信信号载频一致时干扰效果最好的原因之一。这在第 1 章中对未扩频 BPSK 调制的最佳干扰中已经分析过。如果我们假设两信号相位差为 $\frac{\pi}{2}$,那么当干扰信号与通信载频一致时干扰效果反而最差。在实验中也发现了这种规律,尽管我们常常假设干扰信号初始相位在 $[0, 2\pi]$ 上均匀分布,但由于实验次数的限制,干扰初始相位并不能在

$[0,2\pi]$ 区域内各态历经,这就造成实验中,最佳干扰效果常常不是很稳定。

有文献认为当干扰信号与通信信号载频差为基带数据速率时,误码率最大,由以上分析看,并非简单如此。

(2)我们可以得出以下两个推论。

推论 1:针对直扩信号的干扰误码率与 m 序列是有关系的,但当采用最佳的干扰信号频率时,单纯地改变 m 序列误码率变化不是很大。

推论 2:如果有意地人为干扰采用最佳的干扰信号频率,提高 m 序列码的长度并不能带来扩频系统抗干扰能力较大的提升。

也就是说,我们花费了很大的精力来增加扩频系统的扩频增益进而提高其抗干扰能力,而如果干扰方能够采用最佳的干扰参数,所有这些努力都是白费的。由以上分析可以看出,在影响单频干扰扩频误码率的几个参数中,从干扰的角度来看,如果干扰功率确定,干信比、信噪比等参数也基本可以确定;如果能够侦测出被干扰系统的扩频码长、扩频码元速率以及干扰信号和通信信号到达接收机的相位差,就能大致算出最佳的干扰信号频率,但要得出这几个参数,难度很大。但这毕竟为今后对通信系统的最佳干扰提供了一个思路,当然,还有很多工作要做。

3.3　软扩系统介绍

在一些系统中,如 TDMA、CDMA 和无线局域网等,由于数据率很高,其速率可达数兆比特每秒甚至更高,为了提高系统的抗干扰性能,应采用扩频技术。若采用一般的扩频技术,其伪随机码速率就会很高,射频带宽就非常宽,在一些频带受限的情况下,难以满足系统的要求,故多采用一种软扩频技术。

所谓的软扩频又称为缓扩频,即进行频谱的某种缓慢扩展变化。软扩频技术与上面讲的直扩技术有如下不同:一般的直扩技术实现是将信息码与伪随机码进行模 2 加来获得扩展后的序列,并且一般的扩频伪随机码的 chirp 速

率 R_c 远大于信息码元速率 R_a，$R_c/R_a = N$，为整数；而软扩频则不然，软扩频一般采用循环编码（CCSK）的方法来完成频谱的扩展，即用几位信息码元对应一条伪随机码，扩展的倍数不大且不一定是整数倍。图 3.7 为软扩频的实现框图。

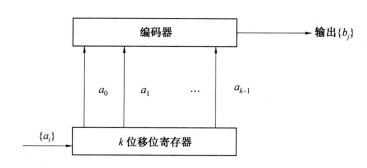

图 3.7　软扩频实现框图

软扩频实际上是一种 (N,k) 的编码，用长为 N 的伪随机码去代表 k 位信息。k 位信息有 2^k 个状态，则需 2^k 条长为 N 的伪随机码代表 k 位信息码的 2^k 个状态，其扩频率为 N/k。所用 2^k 条长为 N 的伪随机码，可以是 2^k 条伪随机码，也可以是一条或多条伪随机码及其位移序列。

设信息码为 $a(t)$

$$a(t) = \sum_{n=0}^{\infty} a_n g_a(t - nT_a) \qquad (3.12)$$

将 $a(t)$ 分段，每 k 位为一段，可得

$$a(t) = \sum_{i=0}^{\infty} a_k(t - iT) \qquad (3.13)$$

这里

$$a_k(t) = \sum_{l=0}^{k-1} a_l g_a(t - lT_a) \qquad (3.14)$$

$T = kT_a = NT_c$，为一伪随机码的周期，k 是 PN 码的位数，N 是 PN 码的周期，T_c 是伪随机码元宽度。求 $a_k(t)$ 的权值，得

$$m = \sum_{i=0}^{k-1} a_t 2^l \tag{3.15}$$

则 m 就是对应的 2^k 条伪随机码的编号。若所用伪随机码为 $c_j(t)$，$j=0,1$，$2,\cdots,2^k-1$，则

$$c_j(t) = \sum_{n=0}^{N-1} c_{jn} g_c(t - nT_c) \tag{3.16}$$

式中，$c_{jn}(t)$ 为伪随机码的码元（chip）；$g_c(t)$ 为门函数。

这样，经扩展后的扩频序列为

$$b(t) = \sum_{i=0}^{\infty} c_m(t - iT) \tag{3.17}$$

式中，$c_m(t)$ 的下标选择由 $a_k(t-iT)$ 对应的加权值即式（3.15）确定。

由于采用 (N,k) 编码，共需 2^k 条长为 N 的伪随机码作为扩频码，因此要求用的伪随机码的条数应多，可供选择的余地应大。由于用不同的伪随机码去表示 k 位信息的不同状态，因此所用的 2^k 条伪随机码之间的码距应大，相关特性应好。确切地讲，希望这 2^k 条伪随机码的自相关特性应好，互相关特性以及部分相关特性都应好，这样才能保证在接收端较好地完成扩频信号的解扩或解码。换句话说，要求这 2^k 条伪随机码正交，因此在某些场合，又把这种软扩频称为正交码扩频。

3.4　软扩频系统的最佳干扰技术

如前所述，软扩频技术是近年从直接序列扩频技术与编码技术相结合发展来的一种新型的基带扩频技术，也是近年来应用较多的一种扩频技术，诸多的文献也进行了有益的研究和探索。大多数软扩频是采用一种循环编码（CCSK）的方式来达到扩频的目的，某典型数字通信系统也是采用这种方式进行，因此本节分析对 CCSK 扩频的干扰性能。有文献较为详细地介绍了

CCSK 的编码效能、抗噪声性能。有文献分析了 CCSK 的编码效率和接收机性能,但并没有深入分析抗人为干扰性能。有文献建立了仿真模型,通过对比分析了 CCSK 和 DS 两种扩频方式的优劣。这些文献对 CCSK 扩频系统在实际中的应用提供了较好的借鉴,但对于有意的人为干扰,CCSK 扩频性能如何还有待进一步深入研究。本节通过理论分析,建立仿真模型,更为深入、详细地分析 CCSK 的扩频性能及其与 DS 扩频方式的差异。

3.4.1　相干接收 CCSK 软扩频的误码性能研究

　CCSK 扩频接收机采用相干接收,如图 3.8 所示。接收机端,采用 2^k-1 条相关支路分别与扩频码相关,完成解调解扩,恢复原始二进制码。

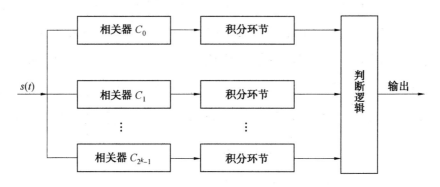

图 3.8　软扩频相干接收示意图

　设 T_a 为信息码元宽度,T_c 为扩频码元宽度,T 为周期,有 $T=kT_a=NT_c$。采用 BPSK 调制技术的扩频信号,由各相关支路与接收信号进行相应扩频码的相关处理,考察一个周期 T 内的情况,可得已接收信号 $S(t)$ 为

$$S(t)=A_sC(t)\cos \bar{\omega}_c t+n_j(t)+n(t) \tag{3.18}$$

其中　　　　　　　　　$n_j(t)=A_j\cos(\bar{\omega}_j t+\varphi_j) \tag{3.19}$

　各相关支路与接收信号进行相应扩频码相关处理可得

$$y_m=\int_T S(t)A_sC_m(t)\cos \bar{\omega}_c tdt$$

$$= A_s^2 \int_T C(t) C_m(t) \cos^2 \bar{\omega}_c t \mathrm{d}t + A_j A_s \int_T C_m(t) \cos \bar{\omega}_j t \cdot \cos \bar{\omega}_c t \mathrm{d}t$$

$$+ \int_T n(t) C_m(t) \cos \bar{\omega}_c t \mathrm{d}t$$

$$= \frac{A_s^2}{2} \int_T C(t) C_m(t) \mathrm{d}t + \frac{A_j A_s}{2} \int_T C_m(t) \cos(\Delta \bar{\omega} t + \varphi_j) \mathrm{d}t$$

$$+ \int_T n(t) C_m(t) \cos \bar{\omega}_c t \mathrm{d}t \tag{3.20}$$

式中，C_m 为图 3.8 中的相关器的相关函数。

当相关时有

$$\xi_i = \frac{A_s^2}{2} T + \frac{A_j A_s}{2} \int_T \cos(\Delta \bar{\omega} t + \varphi_j) C_i(t) \mathrm{d}t + \int_T n(t) C_m(t) \cos \bar{\omega}_c t \mathrm{d}t$$

$$\tag{3.21}$$

不相关时有

$$\eta_j = \frac{A_j A_s}{2} \int_T \cos(\Delta \bar{\omega} t + \varphi_j) C_j(t) \mathrm{d}t + \int_T n(t) C_m(t) \cos \bar{\omega}_c t \mathrm{d}t \tag{3.22}$$

显然有

$$\mu_\xi = \frac{A_s^2}{2} T + \frac{A_j A_s}{2} \int_T \cos(\Delta \bar{\omega} t + \varphi_j) C_i(t) \mathrm{d}t \tag{3.23}$$

$$\mu_\eta = \frac{A_j A_s}{2} \int_T \cos(\Delta \bar{\omega} t + \varphi_j) C_j(t) \mathrm{d}t \tag{3.24}$$

且 $\sigma_\xi^2 = \dfrac{A_s^2}{4} n_0 T, \sigma_\eta^2 = \dfrac{A_s^2}{4} n_0 T$。

即求发送信号 S_i 的条件下判决为 S_i 出现的概率 $P_{S_i}(S_i)$，令其为 P_c，即

$$P_c = P_{S_i}(S_i) = P(\xi_i > \eta_j), j = 1, 2, \cdots, M \text{ 但 } j \neq i, M = 2^k - 1$$

或

$$P_c = P(\xi_i > \eta_1, \xi_i > \eta_2, \cdots, \xi_i > \eta_{i-1}, \xi_i > \eta_{i+1}, \cdots, \xi_i > \eta_M)$$

$$= [P(\xi_i > \eta_1)]^{M-1} \tag{3.25}$$

即
$$P_c = \int_{-\infty}^{\infty} \left[P(\eta_i < z)\right]^{M-1} f_{\xi_i}(z) \, \mathrm{d}z \tag{3.26}$$

式中 $f_{\xi_i}(z)$ 为 ξ_i 的概率密度函数,即

$$f_{\xi_i}(z) = \frac{1}{\sqrt{2\pi}\,\sigma_\xi} \exp\left[-\frac{(z-\mu_\xi)^2}{2\sigma_\xi^2}\right] \tag{3.27}$$

又因为
$$P(\eta_i < z) = \frac{1}{\sqrt{2\pi}\,\sigma_\eta} \int_{-\infty}^{z} \exp\left[-\frac{(u-\mu_\eta)^2}{2\sigma_\eta^2}\right] \mathrm{d}u \tag{3.28}$$

所以

$$P_c = \int_{-\infty}^{\infty} \frac{1}{\sqrt{2\pi}\,\sigma_\xi} \exp\left[-\frac{(z-\mu_\xi)^2}{2\sigma_\xi^2}\right] \cdot \left\{\frac{1}{\sqrt{2\pi}\,\sigma_\eta} \int_{-\infty}^{z} \exp\left[-\frac{(u-\mu_\eta)^2}{2\sigma_\eta^2}\right] \mathrm{d}u\right\}^{M-1} \mathrm{d}z$$

$$\tag{3.29}$$

化简整理得

$$P_c = \frac{1}{\sqrt{2\pi}} \int_{-\infty}^{\infty} \exp\left(-\frac{y^2}{2}\right) \cdot \left[\frac{1}{\sqrt{2\pi}} \int_{-\infty}^{y+\gamma} \exp\left(-\frac{x^2}{2}\right) \mathrm{d}x\right]^{M-1} \mathrm{d}y \tag{3.30}$$

其中

$$\gamma = \frac{\mu_\xi - \mu_\eta}{\sigma_\eta} = \frac{1}{\sigma_\eta}\left(\frac{A_s^2}{2}T + \frac{A_j A_s}{2} \int_T \cos(\Delta\bar{\omega}t + \varphi_j) \cdot \left[C_i(t) - C_j(t)\right] \mathrm{d}t\right)$$

$$\tag{3.31}$$

因为 $C(t)$ 为循环码,$C_i(t) - C_j(t)$ 必然为 $C(t)$ 中的一组码字,则对于不同的 $C_i(t)$,$C_j(t)$,我们通过仿真看 $C_i(t) - C_j(t)$ 对于误码率的贡献。

下面针对公式(3.35)进行仿真,计算结果如图 3.9 所示。

图 3.9 中纵轴为误码率,横轴为干信比,单位为 dB。其中,点画线为 31 位循环码时,误码率随干信比的变化曲线;圈画线为 31 位循环码移位 5 位时,误码率随干信比的变化曲线;圈画线为 31 位循环码移位 10 位时,误码率随干信比的变化曲线;圈画线为 31 位循环码移位 20 位时,误码率随干信比的变化曲线。

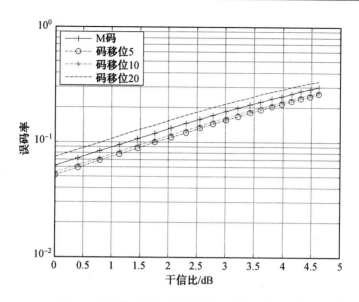

图 3.9　误码率在不同循环码移位时随干信比的变化

由仿真结果可以看出,对于 $C_i(t), C_j(t), i \neq j$ 时,

$$\gamma = \frac{\mu_\xi - \mu_\eta}{\sigma_\eta} = \frac{1}{\sigma_\eta}\left(\frac{A_s^2}{2}T + \frac{A_j A_s}{2}\int_T \cos(\Delta\bar{\omega}t + \varphi_j) \cdot [C_i(t) - C_j(t)]\mathrm{d}t\right)$$

对误码率的影响很小,且以码周期为周期变化。

所以上式可写为

$$\gamma = \frac{1}{\sigma_\eta}\left(\frac{A_s^2}{2}T + \frac{A_j A_s}{2}\int_T \cos(\Delta\bar{\omega}t + \varphi_j) \cdot C(t)\mathrm{d}t\right) \tag{3.32}$$

即

$$\gamma = \sqrt{r_s} \cdot \sqrt{L} \cdot \left(1 + \sqrt{r_j} \cdot \frac{\beta}{T}\right) \tag{3.33}$$

所以

$$P_s = 1 - \frac{1}{\sqrt{2\pi}}\int_{-\infty}^{\infty} \exp\left(-\frac{y^2}{2}\right) \cdot \left[\frac{1}{\sqrt{2\pi}}\int_{-\infty}^{y+\gamma} \exp\left(-\frac{x^2}{2}\right)\mathrm{d}x\right]^{M-1}\mathrm{d}y \tag{3.34}$$

$$P_E = \frac{2^{k-1}}{2^k - 1}\left\{1 - \frac{1}{\sqrt{2\pi}}\int_{-\infty}^{\infty} \exp\left(-\frac{y^2}{2}\right) \cdot \left[\frac{1}{\sqrt{2\pi}}\int_{-\infty}^{y+\gamma} \exp\left(-\frac{x^2}{2}\right)\mathrm{d}x\right]^{M-1}\mathrm{d}y\right\}$$

$$\tag{3.35}$$

其中

$$\gamma = \sqrt{r_s} \cdot \sqrt{L} \cdot \left(1 + \sqrt{r_j} \cdot \frac{\beta}{T}\right) \tag{3.36}$$

$$\beta = \int_T \cos(\Delta \bar{\omega} t + \varphi_j) C(t) \, dt$$

$$= \cos \Delta \bar{\omega} (n-1) T \cdot (\cos \varphi_j \cdot F - \sin \varphi_j \cdot G)$$

$$- \sin \Delta \bar{\omega} (n-1) T (\cos \varphi_j \cdot G + \sin \varphi_j \cdot F) \tag{3.37}$$

$$F = \int_0^T \cos \Delta \bar{\omega} s \cdot C(s) \, ds \tag{3.38}$$

$$G = \int_0^T \sin \Delta \bar{\omega} s \cdot C(s) \, ds \tag{3.39}$$

3.4.2 相干接收 CCSK 软扩频最佳干扰的仿真

不同于通信系统的仿真,这里主要针对以上公式进行仿真。分为以下几种情况。

(1)不同相位差下的误码率随频偏的变化情况。

相位差 φ_j 分别为 0、$\frac{\pi}{4}$、$\frac{\pi}{2}$,采用(31,5)的编码方式,其他参数见表 3.5。按照表 3.5 参数取值,得到的仿真图如图 3.10 所示。

表 3.5 仿真条件

参数	取值	参数	取值
φ_j	0, $\frac{\pi}{4}$, $\frac{\pi}{2}$	Δf	$[-20 \text{ kHz}, 20 \text{ kHz}]$,间隔 1 kHz
T	0.1 ms	r_s	1
r_j	10	L	31

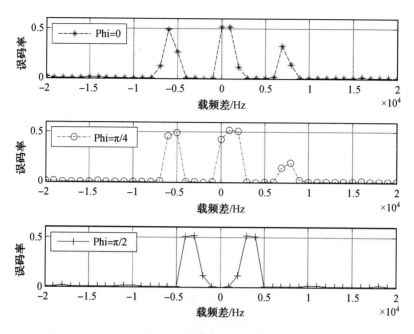

图 3.10　不同相位差下误码率随频偏的变化关系

(2)误码率随干信比的变化情况。

其中 DS 扩频增益约为 8.45 dB;CCSK 采用(31,5)的编码方式,扩频增益约为 8 dB,其他参数见表 3.6。按照表 3.6 参数取值,得到的仿真图如图 3.11所示。

表 3.6　仿真条件

参数	取值	参数	取值
φ_j	$\dfrac{\pi}{5}$	Δf	2 kHz
T	0.1 ms	r_s	1
r_j	[0.1,5],间隔 0.1		

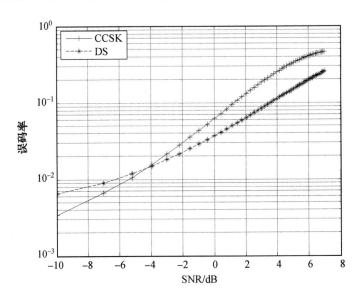

图 3.11 DS 和 CCSK 两种扩频下误码率随干信比的变化关系

图 3.11 中,点画线为 CCSK 扩频下误码率随干信比的变化关系,星画线为 DS 扩频方式下的曲线。

(3)误码率随信噪比的变化情况。

其中 DS 扩频增益约为 8.45 dB;CCSK 采用(31,5)的编码方式,扩频增益约为 8 dB,其他参数见表 3.7。按照表 3.7 参数取值,得到的仿真图如图 3.12所示。

表 3.7 仿真条件

参数	取值	参数	取值
φ_j	$\dfrac{\pi}{5}$	Δf	2 kHz
T	0.1 ms	r_s	[1,6],间隔 0.1
r_j	1		

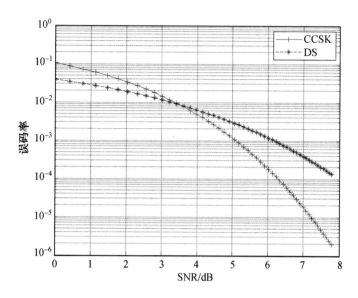

图 3.12 DS 和 CCSK 两种扩频下误码率随信噪比的变化关系

图 3.12 中,点画线为 CCSK 扩频下误码率随信噪比的变化关系,星画线为 DS 扩频方式下的曲线。

由以上仿真结果可以得到如下结论。

(1)单频干扰对 CCSK 软扩频系统的误码性能与系统的信噪比、干信比,扩频码及干扰信号与通信信号载频差、相位差,信息码元速率有关。

(2)由图 3.10 可以看出,不同的干扰信号与通信信号相位差,误码率最大值随频偏的变化是不同的。当相位差为 0,干扰信号与通信信号载频一致时,干扰效果最好,且误码率随频偏的变化基本关于载频对称。而当相位差为 $\frac{\pi}{2}$,干扰信号与通信信号载频一致时,误码率反而最小,即干扰效果最差。保持其他条件不变,当相位差 $\varphi_j = \frac{\pi}{4}$,干扰信号与通信信号载频差约为 2 kHz 时,干扰效果最好。

(3)由图 3.11 可以看出,当干信比较低时,即信号较强时,CCSK 扩频的误码率远低于增益相近的 DS 扩频方式;而随着干信比的加大,CCSK 扩频误码率急剧增大,直至超过 DS 扩频的误码率。因此,当干信比较低时,CCSK 扩频的抗干扰性能优于 DS 扩频方式。

(4)由图 3.12 可以看出,当信噪比较高时,CCSK 扩频的抗干扰性能优于 DS 扩频,而随着信号质量的恶化,CCSK 的误码率也就急剧增大。对于一般的通信系统,总要求信号功率要大于背景噪声,因此从这个意义而言,CCSK 扩频具有较强的抗白噪声性能。

事实上,从上述仿真及分析,不难得出这样的结论:相较于增益相近的 DS 扩频方式,CCSK 扩频具有较强的抗白噪声性能,而抗有意的人为干扰性能下降。

3.5 针对扩频系统的干扰仿真

本节建立 DSSS 和 CCSK 通信系统干扰仿真模型,通过对比二者性能,分析说明软扩频系统的抗干扰性能。

3.5.1 仿真模型

某典型数字通信系统中调制方式为 MSK,在第 4 章建模中将具体分析这种调制样式下的误码率,这里以 BPSK 调制为例予以分析,其目的是证明对于大多数数字调制样式,对软扩频的干扰结论基本是一致的。

仿真模型分为 2 个:CCSK 仿真模型和 DSSS 仿真模型,调制样式采用 BPSK,如图 3.13 所示。图 3.13 中,信源模块负责产生随机的二进制码比特流作为传送序列,M 序列发生器负责产生码速率为 5 Mbit/s、周期为 32 的 M 序列,它具有一定的初始相位,作为 S_0。比特分组负责对信源码流进行每 5 bit 分组编码,实际上是将信源码流每 5 bit 转换为十进制,CCSK 编码模块基于该十进制值对 S_0 进行相应的移位从而实现 CCSK 编码。DSSS 编码模块主要通过模 2 相加的方法实现扩频的功能。BPSK 调制模块负责将基带信号调制到中频,干扰模块负责产生一定样式的干扰信号,这里采用两种干扰。信道是 AWGN 信道,即加性高斯白噪声信道。接收端是发射端的逆过程,这里不再赘述。

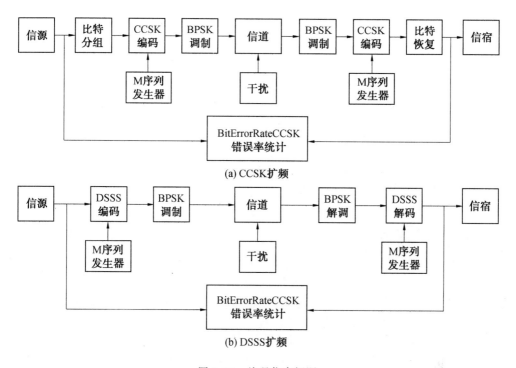

图 3.13　编码仿真框图

3.5.2　仿真结果及分析

　　仿真时假设已经取得了载波和位的同步,主要包括 3 个部分:(1)在没有干扰情况下 AWGN 信道中不同信噪比(SNR)时系统的误码率统计;(2)在有干扰情况下不同干信比(JSR)时系统的误码率统计,采用的干扰样式为单音干扰和噪声调频;(3)噪声调频在不同干扰带宽下系统的误码率统计。为方便比较 CCSK 和 DSSS 的性能,DSSS 编码在仿真时信源码速率分别设置为 1 Mbit/s 和 625 kbit/s,对应的扩频增益分别为 7 dB(对应图中的 DSSS_7 dB)和 9 dB(对应图中的 DSSS_9 dB),而 CCSK 的信源码速率为 781.25 kbit/s,

扩频增益约为 8 dB。仿真结果如图 3.14～3.17 所示。

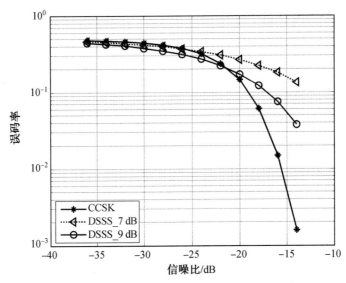

图 3.14　AWGN 信道中两种扩频体制下误码率随信噪比的变化示意图

图 3.14 中纵轴为误码率,横轴为信噪比(SNR),单位为 dB。星画线为 CCSK 扩频体制下,误码率随信噪比的变化曲线;三角画线为 DS 扩频体制下,扩频增益约为 7 dB 时,误码率随信噪比的变化曲线;圈画线为 DS 扩频体制下,扩频增益约为 9 dB 时,误码率随信噪比的变化曲线。

图 3.15 中纵轴为误码率,横轴为干信比(JSR),单位为 dB。星画线为 CCSK 扩频体制下,误码率随单音干扰干信比的变化曲线;三角画线为 DS 扩频体制下,扩频增益约为 7 dB 时,误码率随干信比的变化曲线;圈画线为 DS 扩频体制下,扩频增益约为 9 dB 时,误码率随干信比的变化曲线。

图 3.16 中纵轴为误码率,横轴为干信比(JSR),单位为 dB。星画线为 CCSK 扩频体制下,误码率随噪声调频干扰干信比的变化曲线;三角画线为 DS 扩频体制下,扩频增益约为 7 dB 时,误码率随干信比的变化曲线。

从以上仿真结果可以得到以下结论。

(1)由图 3.12 的公式结果和图 3.14 的通信系统仿真结果,可以很明显地

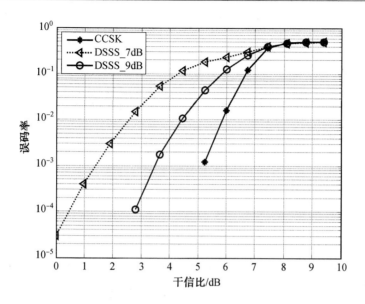

图 3.15　两种扩频体制下单音干扰时误码率随干信比的变化示意图

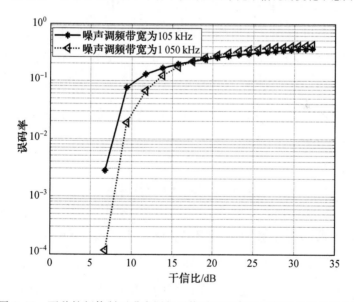

图 3.16　两种扩频体制下噪声调频干扰时误码率随干信比的变化示意图

得出在信噪比较高时,CCSK 抗噪声性能远远高于增益相近的 DS 扩频方式。而随着信噪比的逐渐降低,CCSK 扩频抗干扰性能急剧恶化,当信噪比降低到某一数值时,CCSK 性能将低于增益相近的 DS 扩频方式。

（2）与在 AWGN 信道中所得出的结论相似，在单音干扰和噪声调频干扰下，当干信比较低时，CCSK 扩频性能远高于增益相近的 DS 扩频方式，而随着干信比的增加，其抗干扰性能也将大大下降。

（3）从以上分析中可以得出，CCSK 扩频具有较好的抗白噪声性能，这在诸多文献中已有说明。但是，由于有意的人为干扰信号功率较强，在到达通信系统接收机的干信比也就较大，这使得 CCSK 抗恶意的人为干扰能力相对较弱。

（4）大致在错误率低于 10^{-1} 的范围之内，CCSK 扩频的误码率性能比 DSSS 系统 9 dB 时的误码率要好，更明显优于扩频增益 7 dB 时的误码率。这表明，在性能相同下，CCSK 扩频有比 DS 扩频至少多出 156.25 kbit/s 的传输速率，这是一个很有意义的结果，这说明，CCSK 扩频方式不但具有较强的抗噪声性能，而且适用于数据速率较高的通信系统中。

（5）由图 3.17 可以看出，当噪声调频干扰的带宽变化时，CCSK 扩频的误码率也就随之改变。相同干信比下，带宽为 1.053 1 MHz 的干扰效果要优于带宽为 105.31 kHz 的。显然，对 CCSK 扩频的干扰存在最佳的干扰信号带宽，而最佳干扰信号带宽与通信系统和干扰装备的硬件性能息息相关，对其仿真和分析主要放在第 4、5 章中。

3.6　本章小结

针对扩频技术的抗干扰性能已有诸多文献进行了阐述，但对于有意的人为干扰，尤其是扩频系统在不同干扰样式下的误码性能分析，相应的文献介绍较少。本章的重点是研究单音干扰对直接序列扩频（DS）和软扩频（CCSK）系统的干扰效能，采取的方法是先理论分析后仿真研究，力图系统地研究两种扩频方式在不同干扰样式下的性能。

通过分析，单频干扰对直扩系统的误码性能与系统的信噪比、干信比，扩频码及干扰信号与通信信号载频差、相位差，信息码元速率有关。同时，在不同的相位差下,误码率的最大值随干扰信号与通信信号载频偏移量是不同的。而一旦干扰方采取最佳的干扰参数,单纯的提高扩频系统的 M 序列复杂度很难提高其抗干扰性能,但要得出最佳的抗干扰参数,难度也是非常大的。

　　软扩频系统是近年来应用较广的一种扩频方式,某典型数字通信系统中就是采用这种体制。但在多数参考文献中并没有与直接序列扩频进行严格区分,而统称为直接序列扩频。通过分析,在一定条件下,CCSK 扩频要优于扩频增益相近的 DS 扩频,具有较强的抗白噪声性能。但如果存在较强的人为干扰信号,扩频性能就会大大降低。在相近的抗干扰性能下,CCSK 扩频允许较高的传输速率,这说明其更适用于数据速率较高的通信系统中。

第4章 典型数字通信系统干扰与仿真

本章建立一个典型数字通信系统干扰的仿真模型。结合该模型,重点分析典型数字通信系统每一部分的干扰仿真思路,最后给出仿真结果并加以分析。

4.1 典型数字通信系统仿真建模

4.1.1 时分多址工作方式和时隙结构

该典型数字通信系统采用时分多址工作方式。它根据应用地域、用户数量等因素将时间划分为一个个长度为 12.8 min 的时元。每个时元再分为 64 个时帧,每个时帧持续时间为 12 s,包括 1 536 个长度为 7.812 5 ms 的时隙,一个信号周期(时元)共分为 98 304 个时隙。在分配给网内成员的每一个发射时隙中,该成员共发射 77、258 或 444 个脉冲包。一个脉冲包持续时间是 13 μs,前 6.4 μs 为载波调制(MSK 调制的 35 bit 基码,结构为:2 bit 标识码 +32 bit扩频码+1 bit 奇偶校验位),后 6.6 μs 为寂静时间。77、258 或 444 脉冲包随后的寂静时间是为了保证在下一个时隙发射之前,本时隙发射信号能够到达接收端而不产生信号重叠设置的,是时隙末端的保护期。

码元传输分单脉冲和双脉冲 2 种方式,单脉冲码元周期包括一个占用 6.4 μs 的调制载波脉冲和一个 6.6 μs 的寂静期,即 13 μs。双脉冲码元周期为 26 μs,是两个脉冲周期发送一个码元,即由两个不同频点的载波通过 2 个脉冲发射相同的码元(组位)。

每个时隙内所发射的脉冲的总和叫作一条消息,每个典型数字通信系统用户在 1 个时元内分配给多个时隙用于发布消息。

4.1.2　传输结构

基本传输结构包括抖动、同步、精确定时、报头、数据和传输保护 6 部分。

（1）抖动。一个时隙中传输开始时的一段随机可变的时延。

（2）同步。16 个双脉冲符号，实现粗同步。

（3）精确定时。4 个双脉冲符号，其跳频图案是固定的。

（4）报头。16 个双脉冲符号，提供有关在时隙中传输的时隙类型、中继传输指示符/类型变更、源航道号和保密数据单元等信息。

（5）数据。数据有固定格式、可变格式、自由文本和往返计时 4 种类型。

（6）传输保护。有保护时间。

4.1.3　典型数字通信系统的差错控制技术

该典型数字通信系统采用了 4 种不同的差错控制编码：检错编码、RS 编码、交织码与双脉冲编码。加入检错编码的作用在于使接收端获知大多数的传输错误，然后根据具体的消息类型决定是否进行重传。某典型数字通信系统在 RS 解码时采用了纠错与纠删两种模式，采用纠删会使系统性能大幅度提高。如果 e 为错误的符号个数，d 为删除的符号个数，则对于数据段采用的 RS(31,15) 编码，不采用纠删模式时，它可以纠正的错误符号数 $e=8$；在采用纠删模式时，它可以纠正任何满足 $2e+d \leqslant 16$ 的错误。某典型数字通信系统的数据段采用了 31×3 的字符交织，因此在理论上讲可以纠正长为 3×8 个符号的突发错误。双脉冲编码是某典型数字通信系统特有的一种编码方式。单独采用双脉冲编码并不会有很好的效果，但在与跳频配合使用时，双脉冲编码会带来很高的编码增益。某典型数字通信系统采用的双脉冲所载的信息内容是一样的，但载频不同。接收机只要收到 2 个脉冲中的 1 个，就能检测出所含的数据。在多径效应、单频及部分频带干扰下，双脉冲字符能大大提高正确检测信息数据的概率。

4.1.4　组合扩谱技术

为了使系统具有较强的抗干扰能力,某典型数字通信系统采用跳频、直接序列扩频和跳时的组合扩频通信体制。

(1)跳频。

某典型数字通信系统采用脉间快速跳频的方式,从 960～1 200 MHz 中的某些频段每隔 3 MHz 选一个频点,共可得 60 个频点。系统的工作频点需在跳频图案的控制下从这 60 个频点中选取,同时要保证相邻频点间隔大于 30 MHz,其跳速为 38 461.5 跳/s,跳频周期为 26 μs(双脉冲模式)。跳频图案集合中的任意 2 个跳频图案在所有相对时延下发生频点重合的次数要尽可能少,也就是要求汉明互相关的峰值越小越好,这是多网工作所要求的;每个跳频图案与自身的平移图案频点重合的次数要尽可能地少,也就是要求汉明自相关的最大旁瓣越小越好,这是抗干扰所要求的。

跳频频点仿真原理框图如图 4.1 所示。

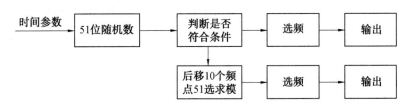

图 4.1　跳频频点仿真原理框图

(2)软扩频。

扩频时,按照时隙的伪码序列图案,每 5 bit 信息去控制特定的 32 位伪码循环移位。该典型数字通信系统采用的这种扩频方式,提高了该系统抗连续波干扰、白噪声干扰和欺骗干扰的能力。同时,这种方式也有助于减少网间干扰。

在仿真系统中,先将 32 位的 M 序列进行循环移位后输出,如图 4.2(a)所示,图 4.2(b)为 31_delay 内部结构,In2 为信号输入,通过不同延时输出。利用信号控制 Multipart Switch 输出,达到把 5 bit 的不同字符通过 subsystem1 子模块转换成不同的 32 bit 的 M 系列并串行输出。

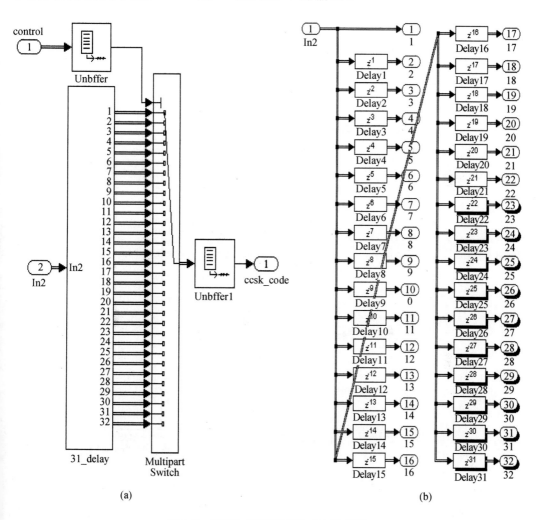

(a)　　　　　　　　　　　　　　(b)

图 4.2　CCSK 扩频调制 Matlab 示意图

CCSK 解扩模块的基本原理是运用 M 序列的自相关性,让信号分别和本地信号的 32 路不同循环位的 M 系列作相关运算,判决相关性最大的一路为解调信号,判决的实现过程如图 4.2 所示。模型主要包括 3 部分组成,

Subsystem1 完成信号与本地 PN 相干运算,Frame Conversion 完成帧格式的转换,MatlabFunction_max 完成最大值判定,仿真 Matlab 示意图如图 4.3 所示。

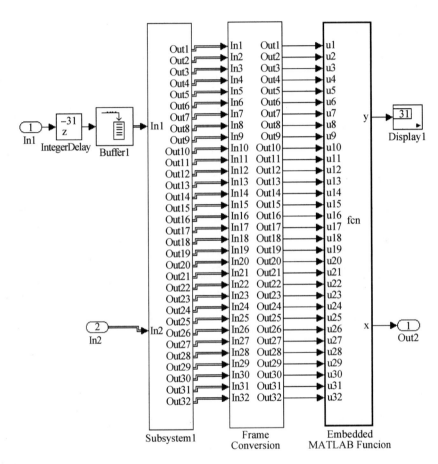

图 4.3　CCSK 解扩调制 Matlab 示意图

(3)跳时。

某典型数字通信系统每个时隙,除信息段占有 3.354 ms,还余 4.458 5 ms,可作保护段和跳时用。保护段的作用是确保在下一个时隙开始之前,本时隙所发射的信号能传播到视距内某典型数字通信系统网的所有成员。按系统直接通信作用距离 300 n mile 考虑,留 2 ms 作保护段就够了。因此,每次发射消息的起点可以不和时隙起点对齐,而作随机跳时,时延最大范围可达 2.458 5 ms。

4.1.5　MSK 调制

MSK(minimum frequency shift keying)是二进制连续相位 FSK 的一种特殊形式,称为最小移频键控,有时也称为快速移频键控(FFSK)。所谓"最小"是指这种调制方式能以最小的调制指数(0.5)获得正交信号;而"快速"是指在给定同样的频带内,MSK 能比 2PSK 的数据传输速率更高,且在带外的频谱分量要比 2PSK 衰减得快。

二进制 MSK 信号的表示式可写为

$$S_{\text{MSK}}(t) = \cos\left(\omega_c t + \frac{\pi \alpha_k}{2T_s} + \varphi_k\right) \quad [(k-1)T_s \leqslant t \leqslant kT_s] \tag{4.1}$$

由于 $\cos(\omega_c t + \theta(t)) = \cos\theta(t)\cos\omega_c t - \sin\theta(t)\sin\omega_c t$,故 MSK 信号也可以看作是由 2 个彼此正交的 2 个载波 $\cos\omega_c t$ 与 $\sin\omega_c t$ 分别被函数 $\cos\theta(t)$ 与 $\sin\theta(t)$ 进行增幅调制而合成的。其中 $\theta(t) = \frac{\pi \alpha_k}{2T_s}t + \varphi_k$, $\alpha_k = \pm 1$, $\varphi_k = 0, \pi$,因而

$$\begin{cases} \cos\theta(t) = \cos\dfrac{\pi t}{2T_s}\cos\varphi_k \\[3mm] -\sin\theta(t) = -\alpha_k\sin\dfrac{\pi t}{2T_s}\cos\varphi_k \end{cases} \tag{4.2}$$

故 MSK 信号可表示为

$$S_{\text{MSK}}(t) = \cos\varphi_k\cos\frac{\pi t}{2T_s}\cos\omega_c t - \alpha_k\cos\varphi_k\sin\frac{\pi t}{2T_s}\sin\omega_c t \tag{4.3}$$

式中,等号后面的第 1 项是同相分量,也称 I 分量,第 2 项是正交分量,也称 Q 分量,$\cos\dfrac{\pi t}{2T_s}$ 和 $\sin\dfrac{\pi t}{2T_s}$ 称为加权函数。令 $\cos\varphi_k = I_k$, $-\alpha_k\cos\varphi_k = Q_k$,代入式(6.3)中,可得

$$S_{\mathrm{MSK}}(t)=I_k\cos\frac{\pi t}{2T_\mathrm{s}}\cos\omega_\mathrm{c}t+Q_k\sin\frac{\pi t}{2T_\mathrm{s}}\sin\omega_\mathrm{c}t \qquad (4.4)$$

根据式(4.4),可构成一种 MSK 的调制器,其调制模型原理图如图 4.4 所示。输出的 MSK 信号样式如图 4.5 所示。

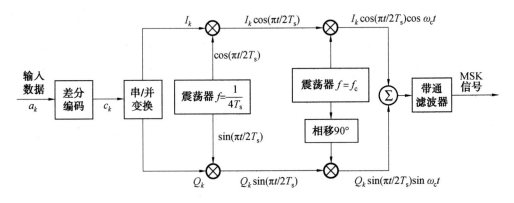

图 4.4　MSK 调制模型原理图

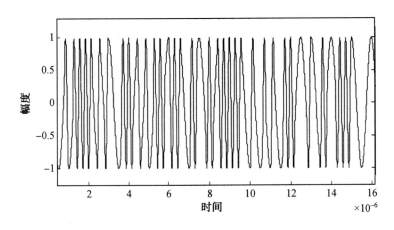

图 4.5　MSK 信号样式

MSK 信号样式具有如下特点。

(1)已调信号的振幅是恒定的。

(2)信号的频率偏移严格等于 $\pm\dfrac{1}{4}T_\mathrm{s}$,相应的调制指数 $h=(f_1-f_2)T_\mathrm{s}$。

(3)以载波相位为基准信号,相位在 1 个码元期间内准确的线性变化

为 $\pm \pi / 2$。

(4)在 1 个码元期间内,信号应包括 $\frac{1}{4}$ 载波周期的整数倍;在码元转换时刻信号的相位是连续的,或者说,信号的波形没有突跳。

MSK 信号的解调与 FSK 信号相似,可以采用相干解调,也可以采用非相干解调。图 4.6 是一种采用延时判决的 MSK 相干解调原理方框图。输入信号同时与两路的相应相干载波相乘,并分别进行积分判决,合路后便可以完成MSK 解调。

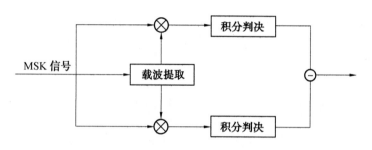

图 4.6　MSK 相干解调原理方框图

4.1.6　符号同步环路

符号同步单元主要是调整解调器的采样速率与发送端的采样速率一致,得到的采样值在码元的最佳采样点。

在全数字接收机中,信号在最佳采样点的值并不通过直接采样得到,而是利用采样得到的信号的样本值序列,进行插值运算获得。所以内插方法是基于信号的时序调整,而不是基于本地振荡时钟或定时波形。

一种典型的全数字解调器中的符号同步模块原理框图如图 4.7 所示。它由内插滤波器、定时误差检测器、环路滤波器和数控振荡器组成。它和数字锁相环很相似,环路参数的设计也需要应用数字锁相环的设计理论。

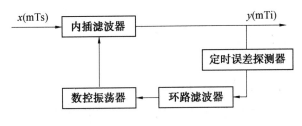

图 4.7 符号同步环路原理框图

4.2 干扰仿真模型

本章中对该典型数字通信系统干扰的仿真模型中采用了多种干扰样式，包括宽、窄带噪声干扰，扫频干扰，伪码窄带 MSK 调制干扰，单音干扰，扩频相关干扰等。

(1)宽带噪声干扰。

干扰机在信号的所有可能频率上发射带限高斯白噪声，阻塞噪声干扰对系统的影响是使接收机下变频器输出端的高斯噪声电平增加，从而使性能恶化。这种干扰方式实现简单，对所有调制方式都有效，但是由于干扰与信号不相关，因此干扰效率很低，而且容易暴露干扰机位置。

(2)窄带噪声干扰。

为了干扰跳频系统，与其把干扰功率分散到整个跳频带宽，不如把干扰功率限制在较小的频带内，有时可以达到更好的效果。

(3)单音干扰。

单音干扰是最为简单的一种干扰样式，对一般的通信系统都能取得干扰效果。前面几章已具体分析了这种干扰样式对不同通信体制的干扰情况。

建立对某典型数字通信系统的干扰仿真模型后，着重对以下内容进行仿真分析。

(1)不同干扰频点数下的干扰效果仿真。

首先建立某典型数字通信系统通信链路,产生各种样式干扰信号,从 60 个跳频频点中随机选取若干个频点加入干扰信号,特定干扰频点数情况下每个干信比做蒙特卡洛实验使统计码元数达到 10^4,记录误码率统计结果并作图。

(2)不同干扰样式与干扰效果的关系仿真。

在干扰频点数固定的情况下,加入宽、窄带噪声,扫频,窄带 MSK 调制,单频信号,扩频相关干扰等干扰信号。特定干扰频点数情况下每个干信比做蒙特卡洛实验使统计码元数达到 10^4,记录误码率统计结果并作图。

(3)不同带宽下的干扰效果仿真。

在干扰频点数固定,干扰样式确定的情况下,选择合适的干信比,改变干扰信号带宽,每个干信比做蒙特卡洛实验使统计码元数达到 10^4,记录误码率统计结果并作图。

(4)不同干扰信号频偏情况下的干扰效果仿真。

在干扰频点数固定,干扰样式确定的情况下,选择合适的干信比,使干扰信号频率偏离某典型数字通信系统信号的载频,每个干信比做蒙特卡洛实验使统计码元数达到 10^4,记录误码率统计结果并作图。

4.3　仿真结果分析

4.3.1　不同频点数受干扰情况

依据仿真模型,分别采用宽带噪声(带宽为 10 MHz)干扰、单音干扰和相同扩频带宽的伪码 MSK 调制干扰。分别随机选择干扰 60 个跳频频点中的 8、16、24、26、31、33、49、51 个跳频频点,仿真得出每种干扰样式和干扰频点下误码率随干信比的变化关系。仿真结果如图 4.8~4.12 所示。

图 4.8 中,纵轴为误码率,横轴为干信比,单位为 dB。其中圈画线为利用宽带噪声干扰 60 个跳频频点中的 16 个频点时误码率随干信比的变化曲线,

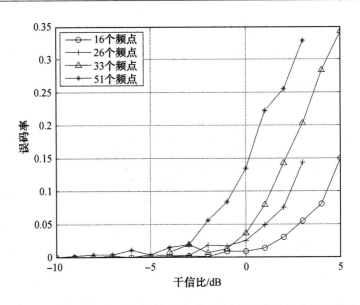

图 4.8　宽带噪声干扰,不同干扰频点时误码率随干信比的变化示意图

点画线、三角画线和星画线分别表示干扰频点数为 26、33 和 51 个时误码率随干信比的变化曲线。

图 4.9 中,纵轴为误码率,横轴为干扰频点数,单位为个。

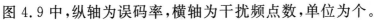

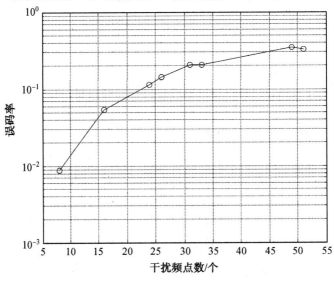

图 4.9　宽带噪声干扰,干信比为 3 dB 时误码率随干扰频点数的变化示意图

图 4.10 中，纵轴为误码率；横轴为干信比，单位为 dB。其中圈画线为利用单音干扰 60 个跳频频点中的 16 个频点时误码率随干信比的变化曲线，点画线、三角画线和星画线分别表示干扰频点数为 26、33 和 51 个时误码率随干信比的变化曲线。

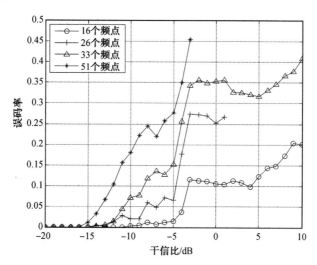

图 4.10　单音干扰，不同干扰频点时误码率随干信比的变化示意图

图 4.11 中，纵轴为误码率，横轴为干扰频点数，单位为个。

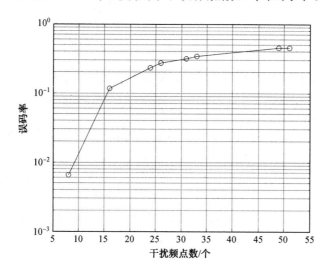

图 4.11　单音干扰，干信比为 −3 dB 时误码率随干扰频点数的变化示意图

图 4.12 中,纵轴为误码率,横轴为干信比,单位为 dB。其中圈画线为利用单音干扰 60 个跳频频点中的 16 个频点时误码率随干信比的变化曲线,点画线和三角画线分别表示干扰频点数为 33 和 51 个时误码率随干信比的变化曲线。

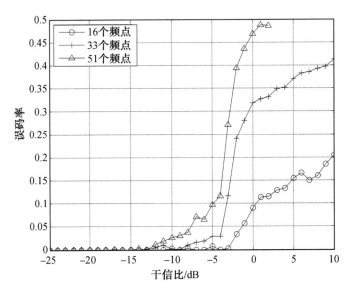

图 4.12 扩频干扰,不同干扰频点时误码率随干信比的变化示意图

由图 4.8、图 4.10、图 4.12 所示,不同干扰样式下,误码率随干信比和干扰频点数的变化曲线有所差别,不管是宽带噪声干扰还是单音干扰、扩频干扰,相同干信比条件下,误码率随干扰频点数增加而增大。由图 4.9 和图 4.11 可以看出,当干信比达一定条件,干扰频点数为 16 时,误码率就可达 10^{-1} 以上,而干扰 26 个跳频频点,误码率就可达 30% 以上。因此对于某典型数字通信系统,干扰部分频点完全可以达到中断通信的效果。通过仿真还可以得出,如果干扰频点数少于 16 个,要达到同样的干扰效果,其所需干扰功率将会大大增加;因此,对于单脉冲信号来说,采用多信道拦阻式干扰,干扰 16 个频点是一个基准。

4.3.2　不同干扰样式下受干扰情况

依据仿真模型,分别采用宽带噪声(带宽为 10 MHz)干扰、窄带噪声干扰(带宽为 1 MHz)、噪声干扰(带宽为 3 MHz)、单音干扰和窄带伪码 MSK 干扰(带宽 2 MHz)、扫频干扰以及扩频干扰等 7 种干扰样式。分别随机选择干扰 60 个跳频频点中的 16、33、51 个跳频频点,仿真得出每种干扰样式和干扰频点下误码率随干信比的变化关系。按照上述仿真条件,以下为其仿真结果。

图 4.13 中,纵轴为误码率,横轴为干信比,单位为 dB。其中圈画线为 3 MHz噪声干扰时误码率随干信比的变化曲线,点画线、三角画线和星画线分别表示干扰样式为扫频干扰、单音干扰和扩频干扰时误码率随干信比的变化曲线。

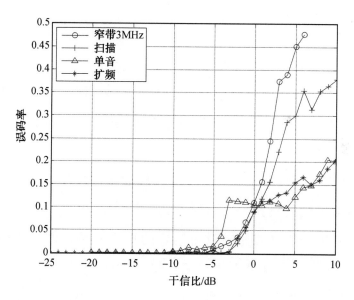

图 4.13　干扰频点数为 16,不同干扰样式时误码率随干信比的变化示意图

图 4.14 中,纵轴为误码率,横轴为干信比,单位为 dB。其中圈画线为 3 MHz噪声干扰时误码率随干信比的变化曲线,点画线、三角画线和星画线分别表示干扰样式为扫频干扰、单音干扰和扩频干扰时误码率随干信比的变化

曲线。

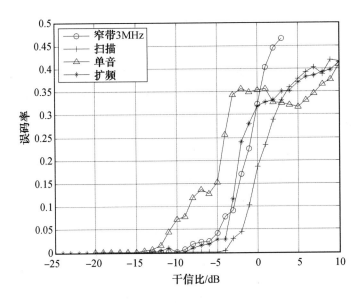

图 4.14 干扰频点数为 33,不同干扰样式时误码率随干信比的变化示意图

图 4.15 中,纵轴为误码率,横轴为干信比,单位为 dB。其中圈画线为 3 MHz 噪声干扰时误码率随干信比的变化曲线,点画线、三角画线和星画线分别表示干扰样式为扫频干扰、单音干扰和扩频干扰时误码率随干信比的变化曲线。

以上仿真结果仅画出了 4 种常用干扰样式下误码率变化情况。由图 4.14 可以得出,当干扰频点数为 16 时,保持其他条件不变,窄带噪声干扰(带宽为 3 MHz)相对其他干扰样式能够取得较好的干扰效果。图 4.15 中显示,当干扰频点数为 33 时,尽管噪声干扰也能取得较好的干扰效果,但在某些干信比下,单音干扰要优于噪声干扰。而干扰频点数为 51 时,单音干扰为最佳干扰样式。

事实上,如果仅仅是理论上的分析,针对某种调制样式,存在最佳的干扰样式。但一般情况下,在工程实践中,对于常用的干扰样式而言,很难得出哪些干扰样式为最佳。

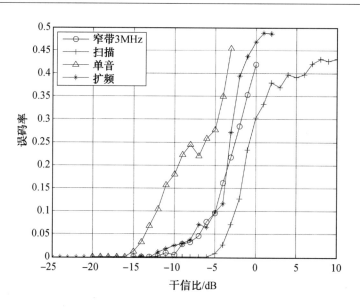

图 4.15　干扰频点数为 51,不同干扰样式时误码率随干信比的变化示意图

4.3.3　不同干扰带宽时受干扰情况

针对仿真模型,采用噪声干扰,当干信比分别为 4 dB、2 dB、0 dB、−2 dB、−4 dB、−6 dB 时,仿真干扰信号带宽为 0.2 MHz、0.5 MHz、1 MHz、1.5 MHz、2 MHz、2.5 MHz、3 MHz、3.5 MHz、4 MHz、6 MHz、8 MHz、10 MHz 时误码率的变化关系。不同干扰频点和干信比下误码率随干扰信号带宽的变化示意图 4.16 所示。

图 4.16 中,纵轴为误码率,横轴为干扰信号带宽,单位为 MHz。其中第 1 幅图表示干扰频点数为 16、干信比为 2 dB 时误码率随干扰信号带宽的变化曲线,第 2 幅图表示干扰频点数为 33、干信比为 −2 dB 时误码率随干扰信号带宽的变化曲线,第 3 幅表示干扰频点数为 51、干信比为 −4 dB 时的变化曲线。

图 4.16 中所示为仿真的部分结果,由图可以看出,最佳的干扰信号带宽约为 3 MHz。事实上,典型数字通信系统调制前数据速率为 5 Mbit/s,经 MSK 调制后,其信号带宽要大约为 6 MHz。仿真结果表明,最佳的干扰信号

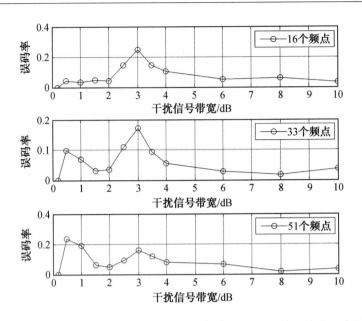

图 4.16　不同干扰频点和干信比下误码率随干扰信号带宽的变化示意图

带宽要比信号带宽小得多。由前面几章的分析也可以看出,最佳干扰信号带宽与诸多因素有关。这里仿真得出的最佳干扰带宽仅仅是依据上述仿真模型而来。

4.3.4　不同干扰频偏时受干扰情况

针对所建立的仿真模型,采用单音干扰,当干扰信号与某典型数字通信系统信号的相位差分别为 0 和 $\frac{\pi}{2}$,仿真干扰信号与每个跳频频率中心点的偏移量分别为 0 Hz、3 kHz、15 kHz、30 kHz、60 kHz、150 kHz、300 kHz、600 kHz、1.5 MHz、2.4 MHz、3 MHz 时误码率的变化情况。

图 4.17 中,纵轴为误码率,横轴为干扰信号与某典型数字通信系统跳频中心频率的偏移量。其中圈画线为干扰信号与某典型数字通信系统信号相位差为 0 时误码率随干扰信号频偏的变化曲线,三角画线是相位差为 $\frac{\pi}{2}$ 时误码率随干扰信号频偏的变化曲线。

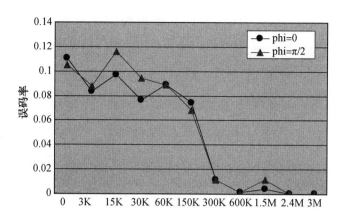

图 4.17　不同相位差下误码率随干扰信号频偏的变化示意图

由仿真结果可以看出,当干扰误码率最大时,干扰信号与通信信号存在一定的频差,且这个差值与相位差有一定的关系,这与前面几章的分析是一致的。如前所述,最佳干扰信号频率与具体所建模型的诸多性能有关,并非一个确定的量值。就本节所建模型,当相位差为 $\dfrac{\pi}{2}$ 时,干扰信号频率与通信信号中心频率相差 15 kHz,干扰效果最好。

4.4　本章小结

本章针对建立的典型数字通信系统的干扰采用了多种干扰样式,有单音干扰、噪声干扰、扫频干扰和伪码 MSK 调制干扰等。所建模型尽管不能完全反映某典型数字通信系统受干扰时的工作特性,但仿真结果对于研究典型数字通信系统干扰技术具有较大的参考价值。

依据所建典型数字通信系统干扰模型,主要进行了某典型数字通信系统在不同干扰频点数、不同干扰样式、不同干扰信号带宽和干扰信号频偏等条件下的误码性能。

在不同干扰样式下,典型数字通信系统误码率随干信比的变化趋势与干扰该典型数字通信系统 60 个跳频频点的个数有着很大的关系。由仿真结果可知,当干扰功率达到某一数值,干扰某典型数字通信系统的部分信道完全可以中断其通信,就所建模型,最低干扰26个信道就可达到上述目的。

对于单纯的理论分析而言,针对某一特定的调制样式可能存在最佳的干扰样式,但对于一般的通信系统,就常用的干扰样式,很难确定最佳干扰样式,尤其是在工程实践中。通过上述对某典型数字通信系统干扰仿真可知,单音干扰、噪声干扰、伪码MSK调制等不同的干扰样式都可达到较佳的干扰效果。相对而言,单音干扰、3 MHz带宽噪声干扰要优于其他干扰样式,但效果并不十分明显。

对典型数字通信系统的干扰存在最佳的干扰信号带宽和最佳干扰信号频率,理论分析中这两个参数都与相位差有着密切的关系,而在实践中,更受到硬件条件的限制,这两个参数很难确定。

参考文献

[1] 曾孝平,王宇峰,刘劲. 软扩频技术及其编码与性能分析[J]. 重庆邮电学院学报(自然科学版),2001,(S1):22-25.

[2] PROAKISJ G,SALCHI M. 数字通信[M]. 5 版. 张力军,张宗橙,郑宝玉等,译. 北京:电子工业出版社,2002.

[3] 董占奇,胡捍英. 加扰 CCSK 信号特性分析[J]. 无线电通信技术,2005,31(4):46-48.

[4] 樊昌信. 通信原理教程[M]. 北京:电子工业出版社,2005.

[5] 梅文华,王淑波,邱永红,等. 跳频通信[M]. 北京:国防工业出版社,2005.

[6] 梅文华,杨义先. 跳频通信地址编码理论[M]. 北京:国防工业出版社,1996.

[7] 张天骐,周正中. 直扩信号伪码周期的谱检测[J]. 电波科学学报,2001,16(4):518-521.

[8] 吴明立,赵保华,屈玉贵,等. 直扩编码并行序贯检测捕捉[J]. 北京邮电大学学报,2006,(S1):74-76.

[9] DAVIS B W, GRAHAM C, STAMM D, et al. Tactical digital information link (TADIL) J range extension (JRE)[C]//MILCOM 97 MILCOM 97 Proceedings. Monterey, CA, USA. IEEE, 1997:408-412.

[10] 魏国强. 直接序列扩谱通信信号的检测研究[D]. 成都:电子科技大学,2002.

[11] 夏林英. 战术数据链技术研究[D]. 西安：西北工业大学，2007.

[12] GOLDSTEIN F，MCDONOUGH M. Joint Tactical Information Distribution System （JTIDS）/multi-link test device （MLTD） laboratory environment test system[C]//MILCOM 97 MILCOM 97 Proceedings. Monterey，CA，USA. IEEE，1997：413-418.

[13] 罗高健，曹志耀. 对 Link16 数据链通信的干扰效能评估[J]. 电子对抗，2006(2)：27-30.

[14] 孙颖，陈建安，李学军. JTIDS 系统仿真及其干扰探索[J]. 现代雷达，2007，29(6)：17-19.

[15] 张欣，杨绍全. JTIDS 系统的干扰研究[J]. 航天电子对抗，2004，20(3)：53-57.

[16] 陈希孺. 概率论与数理统计[M]. 合肥：中国科学技术大学出版社，1992.

[17] 费忠霞，尹华锐，徐佩霞. 基于 DSP 的 LINK11 数据链对抗系统[J]. 航天电子对抗，2005，21(4)：51-54.

[18] WIDNALL W S, GOBBINI G F. Stability of the decentralized estimation in the JTIDS relativenavigation[J]. IEEE transactions on aerospace and electronic systems，1983，AES-19(2)：240-249.

[19] 沈连丰，叶芝慧. 信息论与编码[M]. 北京：科学出版社，2004.

[20] 吴湛击. 现代纠错编码与调制理论及应用[M]. 北京：人民邮电出版社，2008.'

[21] 崔玉美，胡战虎. 战术数据链中纠错编码技术的设计[J]. 航空电子技术，2003，34(3)：19-23.

[22] 樊昌信，曹丽娜. 通信原理：精简本[M]. 6 版. 北京：国防工业出版社，2008.

［23］栗苹. 信息对抗技术［M］. 北京：清华大学出版社，2008.

［24］FRIED W R. Principles and simulation of JTIDS relativenavigation［J］. IEEE transactions on aerospace and electronic systems，1978，AES-14 (1)：76-84.

［25］郝建民. 扩频体制无抗白噪声干扰增益的理论证明［J］. 遥测遥控，1997，18(1)：16-18.

［26］饶世麟. 扩频体制的一种实用方法［J］. 遥测遥控，1997，18(4)：48-51.

［27］郝建民. 再论扩频体制的抗白噪声干扰性能［J］. 遥测遥控，1998，19(1)：51-55.

［28］DAS A. Digitial communication：Principles and system modelling［M］. Berlin Heidelberg：Spring，2010.

［29］MOSERA V M. JTIDS Integrated Siting Tool（JIST）-technical overview［C］//MILCOM 92 Conference Record. San Diego，CA，USA. IEEE，1992：883-887.

［30］武拥军，张玉. 对GPS信号的干扰技术研究［J］. 航天电子对抗，2002，18 (3)：22-25.

［31］肖曼琳. 直扩通信系统的干扰效能评估与仿真［D］. 成都：电子科技大学，2006.

［32］张醒，张旭东. Link-16数据链J序列消息标准研究［J］. 自动化与仪器仪表，2006，(04)：81-82＋85.

［33］许靖，谷春燕，易克初. 单频干扰在直扩系统中的误码性能分析［J］. 空间电子技术，2004，1(4)：16-20.

［34］DILLARD G M，REUTER M，ZEIDDLER J，et al. Cyclic code shift keying：A low probability of intercept communicationtechnique［J］. IEEE transactions on aerospace and electronic systems，2003，39(3)：

786-798.

[35] 王立雅，周亮. CCSK 编码扩频技术及其应用[J]. 信息安全与通信保密，2009，7(11)：51-54.

[36] 田野. 软扩频系统中的软件无线电数字调制平台[D]. 哈尔滨：哈尔滨工程大学，2002.

[37] WU N, WANG H, KUANG J M, et al. Performance analysis and optimization of non-data-aided carrier frequency estimator for APSK signals[J]. IEICE transactions on communications，2012，E95. B（6）：2080-2086.

[38] 刘剑锋，霍效新. 一种基于 RS 码序列的软扩频系统及其 Simulink 仿真[J]. 信息与电子工程，2007，5(6)：441-443.

[39] 杜广超，杨云升，刘坤. CCSK 和 DSSS 编码仿真与抗干扰性能比较分析[J].电子对抗，2009(2)：27-31.

[40] WIDNALL W S, KELLEY J F. JTIDS relative navigation with measurement sharing：Design and performance[J]. IEEE transactions on aerospace and electronic systems，1986，AES-22(2)：146-154.

[41] 卢洽然，何方敏，王泽，等.压制干扰对短周期序列扩频通信解调性能的影响分析[J/OL].华中科技大学学报（自然科学版），1-8[2024-09-14]. https://doi. org/10.13245/j. hust. 240367.

[42] 王晓玮，周其斗，唐永壮.基于处理增益方法的水声直扩系统抗干扰能力研究[J].舰船科学技术，2024，46(10)：132-139.

[43] 李刚.卫星通信中的多维域抗干扰技术分析[J].电子技术，2024，53(05)：248-249.

[44] 王建鹏，陈晔，曹德胜.重叠加窗下卫星直序扩频通信干扰非线性抑制方法[J].现代电子技术，2024，47(9)：16-20.

［45］ PARADISE R Y. Technology insertion in JTIDS terminals［C］// MILCOM 92 Conference Record. San Diego，CA，USA. IEEE，1992：513-518.

［46］沈清.非合作通信干扰效果评估理论与方法［D］.西安:西安电子科技大学,2023.

［47］王李军,张铭宏,韩煜,等.基于生成对抗网络的 BPSK 信号抗干扰算法［J］.杭州电子科技大学学报(自然科学版),2022,42(5):13-20.

［48］朱冉,马杰.多频段复杂干扰信号模拟源设计［J］.科技创新与应用,2022,12(10):106-109.

［49］ BORRELLI G S. ADS-B to link-16 gateway demonstration：Investigation of a low cost ADS-B option［C］//The 23rd Digital Avionics Systems Conference. Salt Lake City，UT，USA. IEEE，2004：1. B. 5-1. 1.

［50］丁凯.AWGN 信道中 BPSK 误码率仿真分析［J］.微处理机,2021,42(3):23-26.

［51］牟琳,费顺超.不同干扰对基于 BPSK 的直扩系统的波形分析［J］.信息通信,2020,(8):33-35.

［52］刘红军,徐永胜.美军战术数据链报文格式及其特点［J］.中国电子科学研究院学报,2006,(03):291-295.

［53］GOLLIDAY C. Data link communications in tactical air command and control systems ［J］. IEEE Journal on Selected Areas in Communications,1985，3(5):779-791.

［54］金龙,詹磊,肖军鹏,等.级联编码的同步瞄准干扰算法研究［J］.遥测遥控,2014,35(3):37-42.

［55］殷璐,严建钢,樊严.Link-16 战术数据链抗干扰性能评估与仿真［J］.航

天电子对抗,2007,(03):40-42.

[56] 杜宇峰,刘丰.针对前向纠错编码的脉冲干扰技术研究[J].无线电工程,2013,43(7):17-20.

附录 英文缩写索引

缩略语	英文全称	中文释义
BER	Bit Error Rate	误比特率
BPSK	Binary Phase Shift Keying	二进制相移键控
CCSK	Cyclic Code Shift keying	循环码移位键控
DSSS	Direct Sequence Spread Spectrum	直接序列扩频
MSK	Minimum Shift Keying	最小频移键控
SER	Symbol Error Rate	误符号率
JSR	Jamming-to-Signal Ratio	干信比
SNR	Signal-to-Noise Ratio	信噪比